◆ 理系大学生の定番書 ◆

世界一わかりやすい

大学で学ぶ

物理化学

講座

JN027961

著 / 岡島 光洋　Mitsuhiro Okajima

はじめに

　たとえ高校時代に化学が得意だったとしても，大学の「物理化学」をスムーズに会得することは難しい。高校で不得意だったら，なおのことだ。その最大の原因は，高校の化学でまったくあつかわない**熱力学と量子化学**の習得のしにくさにある。

　残念ながら，大学の内容をあつかう専門書は，高度な事項を消化しなければならないために，根本的な説明を割愛する傾向にある。だから，おおよそ高校生程度の学力レベルでは，いきなり専門書を読んでも，その意味を解することができないだろう。

　一方，高校時代の参考書を紐解いても，熱力学，量子化学の記述などまったく見あたらない。これらは大学入試対策のための本であり，大学の化学を解説した本ではないのだ。**入試の化学と大学の化学はまったく次元が異なるのだ。**

　そこで本書は，**高校化学を復習しながら，大学の化学の土台を築いて**もらうことを目的としてつくられた。この本を読破すれば，難解な「物理化学」の授業内容や専門書も理解できるようになるはずだ。もし高校化学に不安がなければ，各章の最初のほうにある基本的な記述は適宜読み飛ばして，とくに大学レベルの記述を重点的に読むとよい。

　大学教育は，「新しいものをつくる」ための教育である。それをサポートする書籍では，細切れの知識を羅列するのではなく，**根本的なことがつながるようにストーリーをつくる**ことが重要である。根幹がしっかりしていれば，そこからいろいろな方向へ自由に枝葉を伸ばすことができるからだ。未熟者の私ではあるが，本書の執筆にあたり，この点にはこだわったつもりである。

　本書では，企画，編集，校正の段階で多くの方々のご尽力を賜りました。ここに深く感謝いたします。

岡島　光洋

本書の特長と使用法

◆大学の講義についていけない人へ

大学で学ぶ「物理化学」の大半は，高校ではまったく触れられなかった内容をあつかっている。したがって，どんなに高校の化学の範囲を復習しても，それだけでは大学の内容には歯が立たない。

本書は，高校の化学の復習からはじまり，大学ではじめて習う内容に誘導していく構成になっている。もし高校での化学の学力に自信があるならば，簡単な内容を適宜読み飛ばし，大学レベルの記述を重点的に読んでほしい。

◆とにかく大学の試験やレポートをクリアしたい人へ

大学のノートの内容を，本書によって理解していく方法をとるとよい。具体的には，ノートに出てくる専門用語を本書の「さくいん」で引き，そのまわりの記述を読んで理解していく。その後もう一度ノートを読み返せばスンナリ理解できるはずだ。

◆大学受験生で大学の内容を先取りしたい人へ

本書は，通常の入試で得点力がつくようにはできていない。ただし，難関大学の入試には，大学の内容を噛み砕いたような問題が出題される場合がある。もし高校の化学の枠を超えて，化学を上位の視点から眺めたいのであれば，本書はうってつけであろう。ただし，大学入試でとくに誘導がないかぎりは，大学の化学ではなく，高校の化学の思考で解かねばならないことだけは肝に銘じておいてほしい。

◆社会人になってからもう一度化学を学びたい人へ

本書は，仕事の都合上もう一度化学をやらねばならない人にも好適である。もののしくみを理解することに重点を置いているため，あらゆる応用技術の根幹を知ることができる。本書を読んでから技術文献等を読めば，新しい発想も出てきやすいのではないかと思う。

▶ 🎓は大学ではじめて勉強する内容を表しています。

目　次

本文イラスト：NORI

第1章

原子・分子の構造

―電子のふるまいから化学を語る―

原子の構造と電子配置

0 ▶ ラザフォードの原子モデルに至るまで

　1803年にドルトンが原子説を発表し，物質に微粒子の概念をもちこんだものの，その後原子の構造については長らくナゾのままだった。

　1897年，J.J.トムソンは，当時発見されていた陰極線が，一定のマイナス電荷と質量の比をもつ粒子，すなわち電子であることを明らかにした。そこで彼は1904年，**正電荷をもつ粒子の中に電子が埋め込まれている**という原子モデルを論文で発表した。そして意外にも，その学会誌には，「原子核のまわりを電子が回る」という日本の長岡半太郎の論文が同時に掲載されていた。この時点で，長岡のほうがトムソンよりも正しい考えをもっていたのである。ただし，長岡の原子モデルは，ヨーロッパではあまり受け入れられなかった。

　科学では，実験結果の数値を数式で説明することによってその理論を裏づけていくため，数値的根拠に欠ける長岡の原子モデルは認められなかったのだ。**「原子核のまわりを電子が回る」**というモデルは，ラザフォードが α 線散乱実験の結果を数式で説明して，はじめて世に認められた。

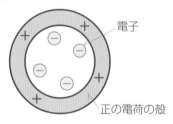

●トムソンの原子モデル

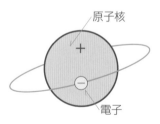

●長岡半太郎の原子モデル

原子の構造の解明

キミは小さい頃，おもちゃのしくみがわかりたくて，分解したことがなかったかな？　わかりたければ，分解すればいいんだ。同じように，物質がわかりたければ，物質を分解していけばいい。

今から200年ぐらい前，ドルトンは，**物質を分解すると最後は原子になる**といった。ただし，今では原子はさらに電子と原子核に分けられ，原子核はさらに陽子と中性子に分けられ，陽子と中性子はさらにクオークという微粒子に分けられることがわかってきている。この飽くなき分解には，いったいいつ決着がつくのだろうか？

ここでは原子の構造についてあつかおう。我々の目にみえないはずの原子の構造が，なぜ明らかになったのかがわかるだろう。

1 | ラザフォードの原子モデル

原子の構造を調べるために，**ラザフォード**は薄い金箔のついたてにα線を当てる実験を行った。大部分のα線が原子によって散乱されるだろうという予想に反し，ほとんどのα線はわずかに曲る程度で金箔を通過し，ほんの一部のα線だけが異常に大きく散乱された。

この結果から，原子の質量は正電荷を帯びた**非常に狭い空間に集中している**ことがわかった。そこで彼は1911年，**正電荷をもつ原子核のまわりを，負電荷をもつ電子が回る**という原子モデルを提示することによって，この実験結果を説明した。

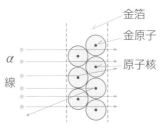

●ラザフォードのα線散乱実験

●ラザフォードの原子モデル

α線のごく一部が散乱されることと，原子の構造とは，どういう関係があるんですか？

α線とは，放射性同位体が発する放射線の一種で，その正体はヘリウム（He）原子核（陽子2個＋中性子2個）の流れだ。α線のいく手に立ちはだかるものがいても，質量の小さいものだったら弾き飛ばしてしまうので，α線の進路はほとんど変わらない。

α線のごく一部だけが異常に強く散乱されたということは，質量はすごく大きいが体積はすごく小さい粒子（原子核）が存在することを意味するんだ*。一方，陰極線の研究から，負電荷をもつ電子は質量が小さいことがわかっていたから，**質量の大きな原子核は正の電荷をもつことがわかったんだ。**

*：仮に原子の大きさを野球場の大きさにたとえると，観客席のあたりを電子が回っていて，中心の原子核はパチンコ玉程度の大きさに相当することになる。

2 | ボーアの原子モデル

　ラザフォードの原子モデルでは，当時知られていた水素の原子スペクトルの実験結果が説明できなかった。原子スペクトル（➡後述「3 原子スペクトルとは」）の実験によると，電子は，飛び飛びで（中間の値がない）一定のエネルギーをもっていなければならないことになる。

　そこでボーアは，電子の角運動量*が整数倍になっていくと仮定して，古典力学的な計算によって，**電子が飛び飛びのエネルギーをもつ半径一定の軌道（K，L，M，…殻のこと）を回る**ことを説明した。

　この理論には，電子の角運動量が整数倍になっていくことの必然性が説明されていないものの，粒子の運動は量子的（➡後述「4 量子とは」）であるという概念を示して，「量子化学」という新たな学問を誕生させるきっかけをつくったんだ。

●ボーアの原子モデル

　原子スペクトルの実験って何ですか？

3 | 原子スペクトルとは

　気体を放電管につめて高圧放電すると，気体の分子は原子に分かれる。できたての原子はエネルギーの高い状態（励起状態という）の電

＊：円運動する物体と中心を結んだ線が単位時間に描く扇形の面積に相当する量（図）。楕円軌道を描く物体は，中心からの距離や速度は変わるが，角運動量は常に一定なので，楕円運動を考えるときに便利な数値だ。

●角運動量*

子をもっていて，その電子がエネルギーの低い普通の状態（基底状態という）にもどるとき，光の形でエネルギーを発散する（➡図）。

このときの光のことを原子スペクトルという。もし電子のもつエネルギーが連続的なら，発せられる光の波長も幅広いはずなのに，実際はある決まった波長の光だけが発せられる。この実験から，**電子は飛び飛びのエネルギーをもつことがわかった**んだ。

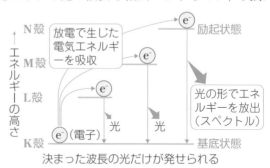

●原子スペクトル

量子って何ですか？

4 | 量子とは

一般に，原子の大きさでものをみると，数値は整数倍で飛び飛びに変化するようになる。それは，原子などの最小単位の粒子が存在して，数値がその整数倍で変化するからだ。たとえば，肉眼のスケールでみれば連続的に変えられる物質の量も，微視的にみれば原子1個単位でしか変えられず，「原子を0.3個増やせ」といわれてもできない。

このように，**ある量の整数倍しかとらない物理量があるとき，その単位量を「量子」という。**

5 | ド・ブロイの波動説

　ボーアの説では，電子の角運動量が整数倍になっていくことの必然性が説明されていなかった。ド・ブロイは，アインシュタインの「光は波動性と粒子性をあわせもつ」という理論が，電子などのすべての物質にあてはまると考えた。つまり，**電子は波を打ちながら原子核のまわりを回っている**と考えた（➡図）。

　このとき，円周が波長の整数倍になれば，波は打ち消しあうことなく存在し続ける[*1]。つまり，**安定な電子軌道の円周は，電子の波長の整数倍になる**わけだ。

　この「整数倍」こそが，ボーアが根拠なしに導入した角運動量の「整数倍」に対応するんだ。これで電子がK，L，M，…殻の飛び飛びのエネルギーの軌道しかとらないナゾが完全に解けた。

　軌道の円周が，電子の波長と同じ（1倍）ときの半径はボーア半径（水素原子の場合0.0529nm）とよばれる。以降，原子核から外側に向かって，ボーア半径の整数倍[*2]の半径の電子殻が幾重にも広がっていくことになる。これがK，L，M，…殻に相当するんだ。

[*1]：電子を「粒子」ととらえれば「電子は1個だから，その波は打ち消しあわないのではないのか？」と思えるが，ド・ブロイの理論では「**波動性も兼ね備える**」ため，電波のような性質をもつことになるんだ。

[*2]：じつは，1，2，3，…倍ではなく，1，4，9，…，(n^2)倍の半径になる。

●安定な電子の状態（定常波）

軌道
電子
e⁻
原子核
何回回っても同じ波
きれいな ウェーブ

15

原子核

電子

波がズレる

波が打ち消しあってしまう

●不安定な電子の状態（非定常波）

　しかし，この理論は**水素以外の原子にはまったく当てはまらなかった**。それは，電子が複数になると，電子どうしの相互作用を考える必要が生じるからだ。

⑥ | シュレーディンガーの波動方程式

　ボーアは，電子が原子核の円周上の決まったレール（軌道）の上を運動するように考えていたけれども，実際の電子というのは粒子性のほかに波動性をもつとらえどころのないものだから，その位置を正確に特定することができなかった。

　そこでシュレーディンガーは，電子の状態は電子密度（電子がその場所にみいだされる確率）で表現するのが適当だと考え，電子が「波である」という考えに立って，**原子核のまわりの電子密度がわかる式**，波動方程式*を導入した。この方程式によって，K，L，M，…といった主殻の中に，さらにs，p，d，f，…といった副殻があり，さらに副殻の中にもいくつかの軌道があることがわかったんだ。

　ただし，厳密に波動方程式が解けるのは，やはり水素原子などの電子を1個しかもたない粒子にかぎられ，他の原子では，電子どうしの反発に由来する部分の計算が非常に難しくなり，一部のものにかぎって近似的に解くことができるにとどまっているんだ。

*：波動方程式の概要は，P.111以降を参照してほしい。簡単にいうと，原子核を原点として，核からの距離 r，水平角 ϕ（x 軸からの y 軸に対する角度），仰角 θ（z 軸からの $x-y$ 平面に対する角度）の3変数で位置を特定すれば，その位置での電子密度が求められるという式だ。

人　物 ⟶	業　績	内　容
ラザフォード ⟶	α粒子散乱実験 （原子核のまわりを電子が回る）	原子の構造を説明
ボーア ⟶	量子論の導入 （電子は飛び飛びのエネルギーをもつ）	電子軌道（K,L,M,…）を説明
ド・ブロイ ⟶	波動説 （すべての物質は波動性をもつ）	電子が飛び飛びのエネルギーをもつ理由を説明
シュレーディンガー ⟶	波動方程式の提唱 （電子軌道の形が明らかになった）	電子の位置を存在確率で考える

例題 1 ▎原子の構造の解明

❶〜❸の概念は，次の人物の誰によって導入されたものか。

シュレーディンガー 　　　 ド・ブロイ 　　　 ボーア

❶ 電子は波動性をもつ。

❷ 古典力学の波の力学を電子の挙動にあてはめた波動力学。

❸ 電子のもつエネルギーは量子的である。

解答 ❶ ド・ブロイ 　 ❷ シュレーディンガー 　 ❸ ボーア

解説 ボーアは，電子殻中の電子のエネルギーがK，L，M，…と飛び飛び（量子的）だと考えた。ド・ブロイは，電子に波動性の概念をとりいれ，そのエネルギーの量子性を説明した。最終的に電子の状態（電子密度）はシュレーディンガーの波動方程式で解明された。

原子の構造と電子配置

　原子は原子核と電子からなる。原子核はさらに陽子と中性子からなる。とくに陽子の数は，その原子の化学的性質に対応するので，原子番号といわれ，化学者が原子を分類するための大切な数字になっている。なぜ陽子の数が化学的性質に対応するのだろう。

　ここでは，原子の種類と電子配置をあつかおう。すべての形あるものは，単に素粒子が集合したものにすぎないことがわかるだろう。

1 | 原子の構造

例→ ヘリウム原子　　　　ボーアの原子モデルで表す　　　　元素記号に
　　　　　　　　　　　　　　　　　　　　　　　　　　　　置き換える

　　　　　　　　　　　　原子核　　電子殻
　　　　　　　　　　　　　　　　　（K殻）

$$^4_2\text{He}$$

陽　　子：正の電荷をもつ
中 性 子：電荷なし。質量は陽子とほぼ同じ
電　　子：負の電荷をもつ。質量は非常に小さい
質 量 数[*1]：陽子数＋中性子数……物理的性質を表す
原子番号[*2]：陽子数＝電子数……化学的性質を表す

＊1：質量は，中性子≒陽子≫電子なので，原子の質量は陽子数＋中性子数で決まる。したがって，陽子と中性子の数の和は，原子の質量を表す重要な数字であり，質量数とよばれる。

＊2：原子の化学的性質は電子配置で決まる。電子配置は電子数で決まる。電子数は陽子数に等しい。したがって，陽子数は原子の化学的性質を表す重要な数字であり，原子番号とよばれる。

2 | 原子にまつわる基本用語

1. 同 位 体

原子番号（化学的性質）は同じだが，質量数（物理的性質）がちがう。通常，化学では同位体を区別しない（化学的性質が同じだから）。

例⇒ 炭素には，$^{12}_{6}C$，$^{13}_{6}C$，$^{14}_{6}C$ の3つの同位体がある。

2. 元 素

原子番号（化学的性質）で区別した原子の種類。同位体を区別しない。化学者が，**化学的性質で原子を分類したもの。**

例⇒ ^1H も ^2H も，同じ「水素」という名の元素。

3. 核 種

原子番号と質量数のちがいで原子を分類したもの。同位体を区別する。物理学者が，**物理的性質で原子を分類したもの。**

 放射性同位体って何ですか？

放射性同位体とは，放射線を放出しながら原子核が変化する（放射壊変する）核種のことで，重要な放射壊変は以下の2つだ*。

● α（アルファ）壊変

原子核がHe原子核に相当する部分（陽子2個と中性子2個）を放出する。α壊変を行うと，陽子と中性子が2個ずつ減る。

例⇒ $^{238}_{92}U \longrightarrow \ ^{234}_{90}Th + \ ^4_2He$（⇐α線：He原子核の流れ）

● β（ベータ）壊変

原子核中の**中性子1個が電子1個を放出して，陽子1個に変わる。**β壊変を行うと，中性子が電子を出して陽子に変わる。

例⇒ $^{14}_{6}C \longrightarrow \ ^{14}_{7}N + e^-$（⇐β線：電子の流れ）

＊：β壊変では，電子と同時に反ニュートリノも放出される。γ線（＝電磁波）を出すγ壊変（陽子，中性子数は変化しない）も有名。なお，原子爆弾や原子力発電での核反応は，$^{235}_{92}U$ などの原子核に中性子を衝突させて原子核を壊す反応であり，上記の放射壊変とは異なる。

3 原子の電子配置

原子核中の陽子数が増えると，まわりを回る電子の数も増える。主殻（K，L，M，…殻）とよばれる電子殻に電子がつまっていく様子をみていく。$_{36}$Krまでの電子配置は表のようになる。

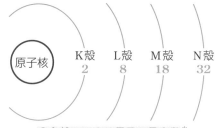

●主殻につまる電子の最大数*

＊：主殻は，内側から順にK殻，L殻，M殻，…とアルファベット順に名前がつけられている。K殻を1，L殻を2，M殻を3，…というようにアルファベットのかわりに数字で表したものを主量子数（記号nで表す）という。それぞれの主殻に入る電子の最大数は$2n^2$になる。

■主殻の電子配置

原子番号	元素記号	元素名	主殻の電子配置			原子番号	元素記号	元素名	主殻の電子配置			
			K殻	L殻	M殻				K殻	L殻	M殻	N殻
1	H	水素	1			19	K	カリウム	2	8	8	1
2	He	ヘリウム	2			20	Ca	カルシウム	2	8	8	2
3	Li	リチウム	2	1		21	Sc	スカンジウム	2	8	9	2
4	Be	ベリリウム	2	2		22	Ti	チタン	2	8	10	2
5	B	ホウ素	2	3		23	V	バナジウム	2	8	11	2
6	C	炭素	2	4		24	Cr	クロム	2	8	13	1
7	N	窒素	2	5		25	Mn	マンガン	2	8	13	2
8	O	酸素	2	6		26	Fe	鉄	2	8	14	2
9	F	フッ素	2	7		27	Co	コバルト	2	8	15	2
10	Ne	ネオン	2	8		28	Ni	ニッケル	2	8	16	2
11	Na	ナトリウム	2	8	1	29	Cu	銅	2	8	18	1
12	Mg	マグネシウム	2	8	2	30	Zn	亜鉛	2	8	18	2
13	Al	アルミニウム	2	8	3	31	Ga	ガリウム	2	8	18	3
14	Si	ケイ素	2	8	4	32	Ge	ゲルマニウム	2	8	18	4
15	P	リン	2	8	5	33	As	ヒ素	2	8	18	5
16	S	硫黄	2	8	6	34	Se	セレン	2	8	18	6
17	Cl	塩素	2	8	7	35	Br	臭素	2	8	18	7
18	Ar	アルゴン	2	8	8	36	Kr	クリプトン	2	8	18	8

（原子番号21〜30：遷移元素）

電子はなぜ内側からつ
まっていくのですか？

プラスとマイナスは引きあうか
ら，電子はできるだけ原子核に近
い内側の軌道を回ろうとする。し
かし，反発しあう電子どうしをせ
まい空間にたくさんつめることは
できない。**内側の軌道が満たされ
たら，次の電子は１つ外側の軌道
に入るんだ。**

**いちばん外側の電子殻の電子は，
とくに化学的性質と関連が深いか**
ら最外殻電子（価電子）とよばれ，
元素の化学的性質を考えるときに
重要になるよ。

M殻には18個まで電子が入ることができるのに，なぜ$_{19}$K
（カリウム）以降はM殻を満たさずにN殻に入るのですか？

とりあえず，**「最外殻は８個を超えない」**と覚えておこう。次の
「**❸ 副殻軌道**」であつかうけど，K，L，M，…殻の中にはさらに副
殻軌道というものがあって，**M殻はs，p，dの３つの副殻軌道に細分
化される**んだ。

$_{18}$Arの時点でM殻のs，p軌道（計８個）は満たされている。この
次に電子が入りやすいのは，M殻のd軌道ではなく，N殻のs軌道
（２個）なんだ。だから，$_{19}$K，$_{20}$CaでN殻のs軌道に２個の電子が入
った後，$_{21}$Sc～$_{30}$Znまでの間で，内側の殻となったM殻のd軌道（10
個）にようやく電子が満たされていくんだ。

$_{21}Sc \sim _{29}Cu$は，原子番号が増えても最外殻電子はほぼ2個のまま一定で，化学的性質も似ているから遷移元素とよばれている。それ以外の元素は，原子番号増加とともに最外殻電子数が周期的に変わるので，典型元素とよばれている。

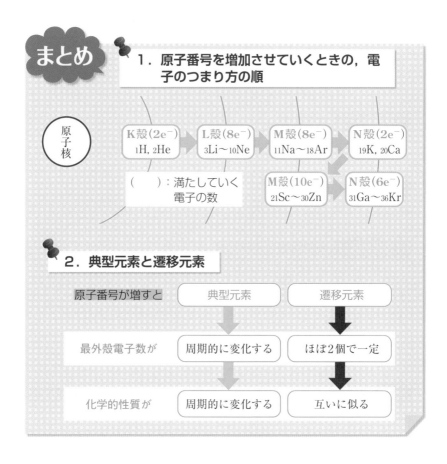

例題1 ▌**電子配置(1)** ━━━━━━━━

$_{18}$Ar と，$_{26}$Fe の電子配置をかけ（**例➡**：$K^2L^8M^4$）。

解答 $_{18}$Ar：$K^2L^8M^8$　　　$_{26}$Fe：$K^2L^8M^{14}N^2$

解説 $K^2L^8M^8$（$_{18}$Ar）までは，内側から順に電子殻を満たしていけ
ばいい。$_{26}$Fe は，Ar に8個の電子を追加すればいいが，Fe は遷移元
素だから，まずK殻2個，L殻8個，M殻8個，最外殻のN殻を2個
とし，あとの電子6個をM殻に追加する。

例題2 ▌**電子配置(2)** ━━━━━━━━

右の電子配置をもつ原子は何か。　　　　$K^2L^8M^8N^2$

解答 $_{20}$Ca（カルシウム）

解説 20個の電子をもつ原子は，原子番号20の$_{20}$Ca。

例題3 ▌**典型元素と遷移元素** ━━━━━━━━

原子番号36までの元素のうち，$_{21}$Sc から $_{29}$Cu までの元素を遷
移元素，他の元素を典型元素とよぶ。2つの元素群について，
原子番号を増大させていくときの相違点を考えてみよう。
(1) 電子のつまり方にはどのようなちがいがあるか。
(2) 化学的性質には，どのようなちがいがあると考えられるか。

解答 (1) 原子番号増大に際し，典型元素は最外殻電子数が増すが，
　　　　遷移元素は内殻の電子数が増す。
　　(2) 原子番号増大に際し，典型元素の化学的性質は周期的に変
　　　　化するが，遷移元素の化学的性質はあまり変化しない。

解説 (1) P.21の表の典型元素（原子番号1～20，30～）を参照。
　(2) 元素の化学的性質は電子配置で決まるが，最外殻の電子の数は化
　　学的性質に最も強く影響する。P.21の表より，原子番号1～20と
　　30～36の典型元素は，原子番号が増加すると最外殻電子数も周期
　　的に変化していくので，化学的性質も周期的に変化していく。

③ 副殻軌道（オービタル）

　K，L，M，…の主殻の中には，さらに細かい副殻軌道（s，p，d，f軌道）がある。**s軌道の形（断面）は真円**だが，**他の軌道は楕円**だ。なぜ楕円軌道が何種類も存在するのだろうか。

　ここでは副殻軌道をあつかおう。電子の「互いに離れたい」「原子核には接近したい」という相反する欲求がどう満たされるかを理解しよう。

1 | 主殻の中に副殻がある

　電子どうしは反発しあうから，別々の軌道を回りたがる。しかし，もしも電子軌道が真円（s軌道）だけだったとしたら，電子数が増すとどんどん電子殻が外側に増設されることになり，最外殻は原子核からかなり離れてしまうことになる。

　一方，電子は原子核には引きつけられるから，可能なかぎり内側の

殻に入りたがる。そこで電子は，円周を増大させずに軌道の形を楕円に変えることにより，真円（s軌道）とは別の空間に広がって（p，d，f軌道），電子殻全体をコンパクトに収めようとする。

また，電子は電荷をもった粒子が自転（スピン）しているから磁石でもある。外側の軌道に追いやられるくらいなら，**スピンの向きを逆にして互いのN極とS極を組みあわせ，2個1組の電子対となって内側の軌道に収まろうとする。**

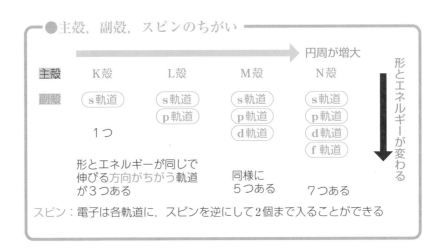

●主殻，副殻，スピンのちがい

円周が増大

形とエネルギーが変わる

主殻	K殻	L殻	M殻	N殻
副殻	s軌道	s軌道	s軌道	s軌道
		p軌道	p軌道	p軌道
			d軌道	d軌道
				f軌道
	1つ	形とエネルギーが同じで伸びる方向がちがう軌道が3つある	同様に5つある	7つある

スピン：電子は各軌道に，スピンを逆にして2個まで入ることができる

2 ┃ 量 子 数

電子の状態は，❶ **主殻**（K，L，M，…），❷ **副殻**（s，p，d，…），❸ **副殻が伸びる方向**（p_x，p_y，p_z），❹ **スピン**の4つのちがいで表される。量子数とは，これら4つのちがいを数字で表したもので，いわば電子の住所に相当するんだ。

電子の住所は4つの数値で表す

アドレス教えて！

主量子数3（M殻）
方位量子数2（d軌道）
磁気量子数 +2
スピン量子数 +½

各軌道はどんな形をしてるんですか？

❸ 副殻軌道（オービタル）の形

　実際の電子は決まったレールの上を運動するわけではないんだ。電子の位置を知るには，各地点での存在確率を考えるしか方法がない。

　シュレーディンガーの波動方程式（➡ P.111）を解くと，電子の分布がわかる。これにより，「この中に電子が存在する確率は90％」という境界線を表したのが次の図の形だ。**これは電子の軌跡ではない。電子はこの"雲"の「表面」ではなく「内部」に存在する**んだ。電子の存在範囲を示すこの"雲"を「オービタル」とよんでいる。以降は，このオービタルのことを普通に軌道とよぶ。

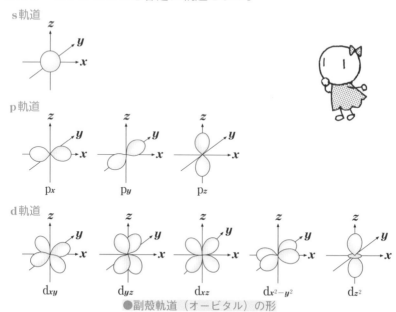

●副殻軌道（オービタル）の形

副殻って，形状のほかに何がちがってくるんですか？

4 | 副殻軌道のエネルギー準位

同じ主殻の中にある軌道でも，s，p，d，f の軌道間ではエネルギーがちがってくる（p，d，f の内部の軌道間では等しい）。

各軌道のエネルギーは右の図の関係にある。ここで，1，2，3，4，…の数字は K，L，M，N，…に対応する主量子数である*。

↑ エネルギーの大きさ

4p（N殻p軌道） ↑↓ ↑ ↓ ↑ ↓

3d（M殻d軌道） ↑↓ ↑ ↓ ↑ ↓ ↑ ↓ ↑ ↓

4s（N殻s軌道） ↑↓

3p（M殻p軌道） ↑↓ ↑ ↓ ↑ ↓

3s（M殻s軌道） ↑↓

2p（L殻p軌道） ↑↓ ↑ ↓ ↑ ↓

2s（L殻s軌道） ↑↓

1s（K殻s軌道） ↑↓

●副殻軌道中の電子のエネルギー

この図より，3d軌道（M殻d軌道）よりも4s軌道（N殻s軌道）のほうが，エネルギーが小さく（＝安定），電子が入りやすいことがわかる。

したがって，原子番号を増大させていくと，アルゴン（$_{18}$Ar）で $1s^22s^22p^63s^23p^6$ の電子配置になった後，カリウム（$_{19}$K）では **3d ではなく 4s に電子が追加され**，$1s^22s^22p^63s^23p^6\mathbf{4s^1}$ となる。

＊：量子数とは電子の住所のようなもので，以下の4つがある。
主量子数　　：K，L，M，…殻のちがいを表す数
方位量子数　：s，p，d，f 軌道のちがいを表す数
磁気量子数　：p_x，p_y，p_z などのちがいを表す数
スピン量子数：電子のスピンの向きを表す数

5 | 副殻軌道の電子配置

電子を「↑」で表す（↑と↓は，スピンの向きのちがいを表す）と，各元素の副殻軌道電子配置は以下の表のようになる。これをみながら電子のつまり方を考えてみよう。

■副殻の電子配置

原子番号	元素記号	元素名	電子配置				
			K殻				
			1s*				
1	H	水素	↑				
2	He	ヘリウム	↑↓				
以降，Heの電子配置を［He］と表す			L殻				
				2s*	2p*		
3	Li	リチウム	［He］	↑			
4	Be	ベリリウム	［He］	↑↓			
5	B	ホウ素	［He］	↑↓	↑		
6	C	炭素	［He］	↑↓	↑	↑	
7	N	窒素	［He］	↑↓	↑	↑	↑
8	O	酸素	［He］	↑↓	↑↓	↑	↑
9	F	フッ素	［He］	↑↓	↑↓	↑↓	↑
10	Ne	ネオン	［He］	↑↓	↑↓	↑↓	↑↓
以降，Neの電子配置を［Ne］と表す			M殻				
				3s	3p		
11	Na	ナトリウム	［Ne］	↑			
12	Mg	マグネシウム	［Ne］	↑↓			
13	Al	アルミニウム	［Ne］	↑↓	↑		
14	Si	ケイ素	［Ne］	↑↓	↑	↑	
15	P	リン	［Ne］	↑↓	↑	↑	↑
16	S	硫黄	［Ne］	↑↓	↑↓	↑	↑
17	Cl	塩素	［Ne］	↑↓	↑↓	↑↓	↑
18	Ar	アルゴン	［Ne］	↑↓	↑↓	↑↓	↑↓

＊：1s，2s，2pの "1"，"2" は主量子数（K殻，L殻，M殻，…），"s"，"p" は方位量子数（s軌道，p軌道，…）を表す。

以降Arの電子配置を[Ar]と表す				M殻 3d					N殻 4s
19	K	カリウム	[Ar]						↑
20	Ca	カルシウム	[Ar]						↑↓
21	Sc	スカンジウム	[Ar]	↑					↑↓
22	Ti	チタン	[Ar]	↑	↑				↑↓
23	V	バナジウム	[Ar]	↑	↑	↑			↑↓
24	Cr	クロム	[Ar]	↑	↑	↑	↑	↑	↑*
25	Mn	マンガン	[Ar]	↑	↑	↑	↑	↑	↑↓
26	Fe	鉄	[Ar]	↑↓	↑	↑	↑	↑	↑↓
27	Co	コバルト	[Ar]	↑↓	↑↓	↑	↑	↑	↑↓
28	Ni	ニッケル	[Ar]	↑↓	↑↓	↑↓	↑	↑	↑↓
29	Cu	銅	[Ar]	↑↓	↑↓	↑↓	↑↓	↑↓	↑*
30	Zn	亜鉛	[Ar]	↑↓	↑↓	↑↓	↑↓	↑↓	↑↓

（21 Sc〜30 Zn は遷移元素）

以降Znの電子配置を[Zn]と表す				N殻 4p		
31	Ga	ガリウム	[Zn]	↑		
32	Ge	ゲルマニウム	[Zn]	↑	↑	
33	As	ヒ素	[Zn]	↑	↑	↑
34	Se	セレン	[Zn]	↑↓	↑	↑
35	Br	臭素	[Zn]	↑↓	↑↓	↑
36	Kr	クリプトン	[Zn]	↑↓	↑↓	↑↓

＊：s軌道とp軌道，p軌道とd軌道のエネルギー差は大きいが，d軌道と次の殻のs軌道とのエネルギー差は小さい。$_{24}$Crと$_{29}$Cuは，4s軌道で電子対をつくるよりも，3dの全軌道を均一に満たしたほうが安定になるため最外殻が1個になる。

電子対になっている軌道もあるけど，不対電子のままの軌道もたくさんあるのはなぜですか？

6 | フントの規則とパウリの排他原理

　電子は❶ 低エネルギーの（＝原子核に近い）軌道に，❷ 電子どうしの反発を避けながら満たされていく。ここでは，❷を説明する２つの法則を教えよう。

1．フントの規則

　P.30の表の$_5$B ～ $_7$Nでは，2p軌道に電子が１個ずつつまる。このように，**同じエネルギーの軌道に空きがあれば，電子は１個ずつ別々の軌道に入る**（＝不対電子になる）。これを「フントの規則」という。

2．パウリの排他原理

　一方，P.30の表の$_8$O ～ $_{10}$Neでは2p軌道に次々と電子対ができる。これは，１段エネルギーの高い3s軌道に入るよりも，2p軌道で電子対をつくったほうが安定だからだ。ただし，同じ軌道に２個目の電子が入るときは，**スピンの向きを逆にしなければならない**。つまり，**軌道，スピンのすべてがまったく同じ状態をとる電子は，複数存在することはない**。この規則を「パウリの排他原理」という。

位置エネルギーが同じなら　別々に（フントの規則）

同じ向きにはならない（パウリの排他原理）

電子対になる

まとめ 電子の満たされ方（次の電子はどこに入るか）

同じ
エネルギー
の軌道が

→ まだ空いている ⟹ 不対電子が増えていく

→ 不対電子で満たされた ➡ 電子対になっていく

→ 電子対で満たされた ➡ 次の軌道に入る

例題1 電子対と不対電子

次の原子に，電子対は何組，不対電子は何個あるか。
(1) ₇N   (2) ₁₃Al

解答

	原子	電子対	不対電子
(1)	₇N	2組	3個
(2)	₁₃Al	6組	1個

解説 P.30の表を参照。表の電子配置を自分でつくるには，❶ エネルギーの低い軌道から順に （1s→2s→2p→3s→3p→4s→3d…） まず不対電子になるように軌道を満たし，❷ ひと通り満たしたら電子対をつくっていき，❸ すべて電子対で満たされたら1段エネルギーの高い軌道に移動する。これを繰り返せばよい。

例題2 第2，第3周期の電子配置

次の原子の電子配置を例➡にならってそれぞれ記せ。
❶ ₆C   ❷ ₁₆S

例➡ ₅B：1s $\uparrow\downarrow$ 2s $\uparrow\downarrow$ 2p $\uparrow$ ☐ ☐

解答 ₆C：1s $\uparrow\downarrow$ 2s $\uparrow\downarrow$ 2p $\uparrow$ $\uparrow$ ☐
₁₆S：1s $\uparrow\downarrow$ 2s $\uparrow\downarrow$ 2p $\uparrow\downarrow$ $\uparrow\downarrow$ $\uparrow\downarrow$ 3s $\uparrow\downarrow$
3p $\uparrow\downarrow$ $\uparrow$ $\uparrow$

例題3 ┃ フントの規則とパウリの排他原理

フントの規則と，パウリの排他原理に最も関連が深いものを，以下のうちから1つずつ選べ。

① 主殻のK，L，Mは，各々主量子数の1，2，3に相当する。

② K殻にはs軌道しかないが，L殻にはs軌道とp軌道がある。

③ 同じ主殻内では，副殻軌道に入った電子のエネルギーの大きさはs＜p＜d＜fとなる。

④ $_5$B→$_6$Cと移行するとき，2p軌道に新たに不対電子ができる。

⑤ $_7$N→$_8$Oと移行するとき，2p軌道に新たに電子対ができる。

解答 フントの規則：④　　パウリの排他原理：⑤

（①～⑤の文章の内容はすべて正しい）

解説

④

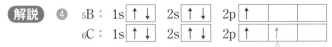

エネルギーが同じなら別の軌道に入る（フントの規則）

⑤

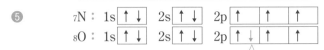

スピンの向きまで同じだと入れない（パウリの排他原理）

③ 「同じ主殻内」だから，M殻のd軌道とN殻のs軌道を比べているのではない。

34

例題4 ▌ 第4周期の元素の電子配置

次の原子のM殻（$n=3$）以降の電子配置を **例➜** にならってそれぞれ記せ。

❶ $_{19}K$　　❷ $_{24}Cr$　　❸ $_{26}Fe$　　❹ $_{34}Se$

例➜ $_{36}Kr$：3d $\boxed{\uparrow\downarrow}\boxed{\uparrow\downarrow}\boxed{\uparrow\downarrow}\boxed{\uparrow\downarrow}\boxed{\uparrow\downarrow}$ 4s $\boxed{\uparrow\downarrow}$ 4p $\boxed{\uparrow\downarrow}\boxed{\uparrow\downarrow}\boxed{\uparrow\downarrow}$

解答

$_{19}K$：3d $\boxed{}\boxed{}\boxed{}\boxed{}\boxed{}$ 4s $\boxed{\uparrow}$ 4p $\boxed{}\boxed{}\boxed{}$

$_{24}Cr$：3d $\boxed{\uparrow}\boxed{\uparrow}\boxed{\uparrow}\boxed{\uparrow}\boxed{\uparrow}$ 4s $\boxed{\uparrow}$ 4p $\boxed{}\boxed{}\boxed{}$

$_{26}Fe$：3d $\boxed{\uparrow\downarrow}\boxed{\uparrow}\boxed{\uparrow}\boxed{\uparrow}\boxed{\uparrow}$ 4s $\boxed{\uparrow\downarrow}$ 4p $\boxed{}\boxed{}\boxed{}$

$_{34}Se$：3d $\boxed{\uparrow\downarrow}\boxed{\uparrow\downarrow}\boxed{\uparrow\downarrow}\boxed{\uparrow\downarrow}\boxed{\uparrow\downarrow}$ 4s $\boxed{\uparrow\downarrow}$ 4p $\boxed{\uparrow\downarrow}\boxed{\uparrow}\boxed{\uparrow}$

解説　$_{18}Ar$の時点で，1s，2s，2p，3s，3pまでの軌道はすべて電子で満たされる。3d軌道よりも4s軌道のほうがエネルギー的に安定なので，$_{19}K$は，3dを空にしたまま4sに1個の電子が入る。$_{20}Ca$で4sの電子が2個になり，$_{21}Sc$からは，3d軌道に電子が入る。$_{24}Cr$は，3d軌道すべてに1個ずつ電子を入れたほうが安定になるため（半閉殻），4sの電子1個が3dに移る。$_{30}Zn$で3dと4s軌道がすべて満たされ，以降は4p軌道に電子が入る。

　なお，これらの原子が陽イオンになるときは，3dよりも先に4sの電子から放出されていく。なぜならば，電子が入ってしまえば，内側にある3d軌道の電子のほうが，外側にある4s軌道の電子よりも有効核電荷が大きく外れにくいからである。

　遷移元素の場合，3d電子も価電子と同様の働きをすることができるので，大小さまざまな原子価（電荷，正確には酸化数）をとることができる。

第2講 周期律

0 周期律の発見に至るまで

　1860年，当時混乱していた原子量（原子の相対質量）の基準を定めようと，ドイツのケクレがヨーロッパ中の化学者によびかけ，国際化学会議を開催した。議論は紛糾し，けっきょく原子量は統一できなかったが，席上，イタリアのカニッツァーロが，「アボガドロの分子説を認めるべきだ」として，分子説に従って算出した原子量のデータを配布した。当時はまだ，「原子どうしが特別な力で強く結びつき分子をつくる」というアボガドロの説は，認められていなかったのだ。

　このデータをもち帰ったロシアのメンデレーエフは，1869年，**元素を原子量順に並べて画期的な表をつくった**。さらに，彼はこの表に基づいて，当時未発見だった元素の存在を予言し，その性質まで予測した。

　驚くべきことに，これらの元素（スカンジウム $_{21}Sc$，ガリウム $_{31}Ga$，ゲルマニウム $_{32}Ge$）が，その後相次いで発見され，その性質までもが彼の予測どおりだった。メンデレーエフの予測が正しかったことから，亡きアボガドロの分子説もようやく認められた。

　元素の性質の分析と予測に関する本質をたった1枚にまとめ上げた，科学の最高傑作の1つに挙げられるこのメンデレーエフの表を，周期表という。「第2講」では，周期表に何が整理され，ここから何がわかるのかを説明しよう。

周期表と元素の性質

　科学とは何のためにあるのだろう。古代エジプトで，天文学や数学がナイル川の氾濫を予測するために発展したように，科学は，未知のものを予測するための手段として使われている。混沌とした現象を「**分析**」し，その本質を探り出した上で，条件がこのように変わったら結果はこう変わるはずだと「**予測**」するんだ。

　ここでは，科学の最高傑作の1つである周期表，周期律をあつかう。周期表をつくったのはメンデレーエフだといわれるが，これに近い理論はそれ以前にも提唱されていた。しかし彼は，すべての元素を1枚の表にまとめた「**分析**」に加え，当時未発見だった元素の性質を「**予測**」することをも行ったので，その名を後世に残すことになったんだ。

　周期律は，化学を理解する上で絶対必須の重要なツールだ。

1 ┃ 周期表と電子配置

　現在の周期表は，**元素を原子番号順に並べたもの**だ*。原子番号（陽子数）は原子のもつ電子の数に一致するから，「元素を電子数の順に並べたもの」ともいえる。つまり，**周期表とは，元素の電子配置をまとめた表**だ。

　第3周期までの元素について，電子のつまり方を次頁の表で確認してみよう。横方向（同一周期）では，最外殻の種類（K，L，M，…）は一定だが右にいくほど**最外殻電子が増えていく**。最外殻が1つ外の電子殻に移ると1段下がり，左端にもどって同じことを繰り返す。したがって，縦の列（同一族）には，**最外殻電子数の等しい元素が並ぶ**。

＊：メンデレーエフの周期表と現在の周期表との大きなちがいは，❶ 貴ガスの族（現在の18族）がなかったこと（貴ガスは当時，全部未発見），❷ 元素が原子番号順ではなく原子量順に並べられていたこと（当時，陽子や電子も未発見）の2点だ。

■元素の周期表と電子配置（第3周期まで）

➡第7周期までの周期表は，「閉じ込みの周期表」を参照のこと

族 / 周期	1	2	13	14	15	16	17	18
1	₁H 水素　K殻 (1+)	凡例　原子番号━₆C━元素記号　炭素━元素名　電子（青は最外殻電子） 原子核の電荷（＝陽子数）(6+) K殻・L殻						₂He ヘリウム (2+)
2	₃Li リチウム　L殻 (3+)	₄Be ベリリウム (4+)	₅B ホウ素 (5+)	₆C 炭素 (6+)	₇N 窒素 (7+)	₈O 酸素 (8+)	₉F フッ素 (9+)	₁₀Ne ネオン (10+)
3	₁₁Na ナトリウム　M殻 (11+)	₁₂Mg マグネシウム (12+)	₁₃Al アルミニウム (13+)	₁₄Si ケイ素 (14+)	₁₅P リン (15+)	₁₆S 硫黄 (16+)	₁₇Cl 塩素 (17+)	₁₈Ar アルゴン (18+)

周期表と電子配置

最外殻の電子が増加→ GET! 電子ゲットー！

8個でクリアー→ GET! 第2面終了！

最外殻が1個に戻る→ GET! 第3面始まったケド…

同じことのくりかえし GET! 同じ場面が周期的に現れるぞ

2 | 族と周期は何を表すか

1．横の列（周期）

周期は最外殻の種類（サイズ）を表す。

第1周期の元素はK殻，第2周期の元素はL殻，第3周期の元素はM殻に最外殻をもつ。**横の列の元素は，同じ主殻（K，L，M，…）に最外殻をもつんだ。**

2．縦の列（族）

族番号は最外殻電子数を表す。

1族の最外殻電子は1個，2族は2個，13族は3個という具合に，**最外殻電子数の等しい元素が縦に並ぶんだ。** He以外の典型元素は，族番号の下1桁の数字が最外殻電子数に一致する[*1]。

なぜ周期表から元素の性質がわかるんですか？

周期表から元素の化学的性質[*2]がわかるんだけど，元素の化学的性質って，何によって決まるんだろう？　そもそも化学反応ってなぜ起こるんだろう？　そこで，まず「化学反応とは何か」を考えてみよう。

＊1：Heは18族だが，最外殻がK殻なので，最外殻電子は2個。遷移元素（3族～11族）の最外殻電子は原則として2個で一定。
＊2：物質の性質は，化学的性質と物理的性質とに分類される。化学的性質は，化学反応（原子の組み換え）にまつわる性質（**例➡** 酸・塩基性，酸化・還元性）。物理的性質は，化学的性質以外のすべての性質（**例➡** 密度，沸点，溶解度）。

3 | 化学反応とは

化学反応とは**原子の組み換え**だ。ではなぜ原子は組み換わるんだろう？　それは，**元素にはプラスになりたがる**陽性元素と，**マイナスになりたがる**陰性元素があるからだ。この陽性，陰性を満足させるために，元素は電子（e^-）や陽子（H^+）を授受しようとする。H^+の受けわたしが酸と塩基の反応，e^-の受けわたしが酸化・還元反応だ。

周期表の左下の元素は陽性が強く，H^+（陽子）を受けとる「塩基」や，e^-（電子）を放出する「還元剤」をつくる傾向にある。また，右上の元素は陰性が強く，H^+を出す「酸」や，e^-を受けとる「酸化剤」をつくる傾向にある。そして，18族の貴ガスは陽性でも陰性でもないので，化学反応を行わない。

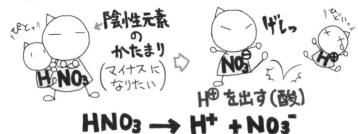

$$HNO_3 \rightarrow H^+ + NO_3^-$$

$$2HNO_3 + Ag \rightarrow NO_2 + AgNO_3 + H_2O$$

 陽性，陰性の強さって，どうやって比較するんですか？

　科学では，ものの性質をすべて数値で表し，最終的には数式で物ごとを予測していく。元素の陽性，陰性の強さを正確に比較するためには，陽性，陰性を客観的に表す数値を考えだせばよい。
　次に，元素の性質の数量化について説明しよう。

4 │ 元素の陽性，陰性を表す数値

　原子が電子を授受すると，電荷を帯びた粒子「イオン」になる。原子が**どれだけ陽イオンになりにくいかを表す数値**（＝イオン化エネルギー）と，**どれだけ陰イオンになりやすいかを表す数値**（＝電子親和力）をそれぞれ測定し，両者を合計すれば，元素の**陽性，陰性を一元的に表現できる数値**（＝電気陰性度）が得られる。

■イオン化エネルギー，電子親和力，電気陰性度の定義

	意　　　味
イオン化エネルギー[*1]	陽イオンへのなりにくさを表す数値（大きい：陽イオンになりにくい。つまり電子の出しにくさ）
電子親和力[*2]	陰イオンへのなりやすさを表す数値（大きい：陰イオンになりやすい。つまり電子の受けとりやすさ）
電気陰性度[*3]	陰性の大きさ，つまり陽性の小ささ（小さい：陽イオンになりやすい。大きい：陰イオンになりやすい）

＊１：正確には，気体状原子から電子をとりさって，気体状陽イオンにするときの吸熱量。原子から１個目の電子をとりさって１価の陽イオンにするときは第一イオン化エネルギー，１価の陽イオンからさらに２個目の電子をとりさって２価の陽イオンにするときは第二イオン化エネルギーとよばれる。

＊２：正確には，気体状原子が電子１個を受けとって，気体状陰イオンになるときの発熱量。

＊３：電気陰性度には，イオン化エネルギーと電子親和力の和に相当するマリケンの値があるが，他の算出法による値もある。

5 │ イオン化エネルギー，電子親和力，電気陰性度の周期律

イオン化エネルギー，電子親和力，電気陰性度ともに，周期表上で**右上にいくほど増大する傾向にある**[1]。ただし，イオン化エネルギーや電子親和力は，副殻（s，p，d，f軌道）や不対電子，対電子のちがいが影響して，きれいに右上ほど大きいというわけにはいかない（➡図）。でも，これらを合計した値に由来する電気陰性度[2]は，きれいに右上にいくほど大きくなる（➡次頁の図）。

電気陰性度の値を使えば，元素の陽性，陰性を一元的に比較できる。陽性とは「**電気陰性度の小ささ**」，陰性とは「**電気陰性度の大きさ**」のことだ。

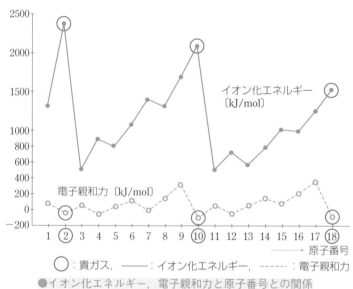

●イオン化エネルギー，電子親和力と原子番号との関係

* 1：貴ガス（18族，○印）は，電子を出しも奪いもしないので，イオン化エネルギー（出しにくさ）は大きいが，電子親和力（奪いやすさ）は小さい。
* 2：マリケンの電気陰性度は十分なデータがないため，結合エネルギー（反応熱の一種）の値から算出したポーリングの値がよく使われる。ポーリングの電気陰性度では，化学結合を行わない18族（貴ガス）のデータはない。

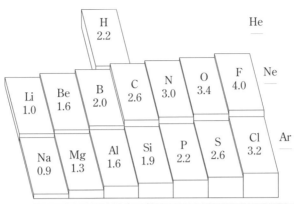

●ポーリングの電気陰性度の値
（結合エネルギーの値から算出したもの）　出典：理科年表

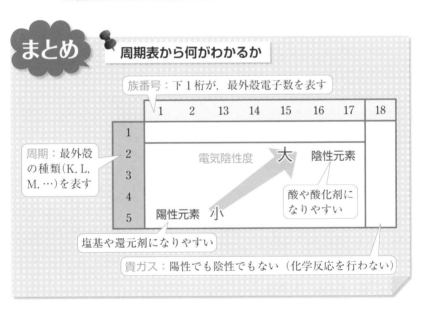

まとめ　周期表から何がわかるか

族番号：下1桁が，最外殻電子数を表す

周期：最外殻の種類（K, L, M, …）を表す

電気陰性度　大　陰性元素

酸や酸化剤になりやすい

陽性元素　小

塩基や還元剤になりやすい

貴ガス：陽性でも陰性でもない（化学反応を行わない）

例題1 ▌電気陰性度

電気陰性度についての次の記述のうち，正しいものを選べ。

❶ 電気陰性度と電子親和力は，数値の由来はちがうものの，その数値が意味するところは同じである。

❷ 1族，17族のどちらの元素も，周期表上で上にある元素ほど電気陰性度が大きくなる。

❸ ポーリングの電気陰性度は，イオン化エネルギーと電子親和力から導き出した数値である。

解答 ❷

解説 ❶ 電子親和力は，陰イオンへのなりやすさを意味し，陽イオンになりにくいかどうかという性質（イオン化エネルギー）をも加味した電気陰性度とは意味するものがちがう。

❸ 電子親和力とイオン化エネルギーの和に相当するのはマリケンの電気陰性度。ポーリングの電気陰性度は，結合エネルギーの値から算出したもの。ただし，その意味するところは両者とも同じで，「陰性の大きさ＝陽性の小ささ」だ。

例題2 ▌陽性元素・陰性元素

水素化カルシウム（CaH_2）は，水（H_2O）の酸素原子を，陽性の強いカルシウム原子に置き換えたものである。水素化カルシウムは酸化剤か，還元剤か。また，水素化カルシウムを水に加えたら，酸性，塩基性どちらになるか。

解答 還元剤，塩基性

解説 元素の陽性，陰性から物質の性質を推測しよう。陽性元素は塩基，還元剤をつくりやすいため，CaH_2 も塩基や還元剤としてはたらくことが推測できるが，実際にそのとおりである。

原子半径と陽性・陰性との関係

「**❶** 周期表と元素の性質」では，周期表上で元素の陽性，陰性がどのような関係にあるか，陽性，陰性とは具体的にどんな数値なのかをあつかった。

ところで，陽性，陰性を表すイオン化エネルギー，電子親和力，電気陰性度は，なぜ周期表で右上の元素ほど大きくなるのだろう。このわけをわかりたいのなら，原子半径の周期律を考えるとよい。なぜなら，**半径の小さな原子ほど最外殻電子を原子核に強く引きつけ，電子を出しにくいからだ。**

ここでは，原子半径の周期律をあつかおう。混沌（こんとん）としたものにみえる物質の性質も，もとをたどれば単純な要素に起因しているということがわかるだろう。

1 │ 原子半径の周期律

同一周期では，周期表で右側にいくほど原子半径が小さくなる。

同一族だと下にいくほど，原子半径が大きくなる。

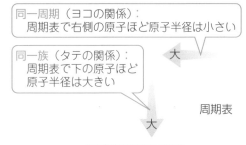

同一周期（ヨコの関係）：
　周期表で右側の原子ほど原子半径は小さい

同一族（タテの関係）：
　周期表で下の原子ほど原子半径は大きい

大

周期表

大

●原子半径と周期表

周期表の右側にいくと原子番号が大きくなるのに，なぜ半径は小さくなるんですか？

何となく，原子番号が増加すれば半径も増大するように思えるかもしれないけど，右にいっても最外殻はM殻ならM殻で変わらないよ

ね。すると，原子核中の陽子が増えて，最外殻電子を強く引きつける
から，**半径は右のほうが小さくなる**んだよ。

それなら，上下の関係ではむしろ周期表で下の原子
のほうが，陽子増加により最外殻電子が原子核に引
きよせられて，半径が小さくなるんじゃないんですか？

これは，内側の電子殻のマイナス電荷が原子核のプラス電荷を一部
打ち消してしまう「遮蔽」の効果を考えなきゃいけないんだ。

2 | 遮　蔽

　周期表で同一族（上下）の関係
にある Li と Na で説明しよう。

- Li ➡ 陽子の正電荷 3+ のうち
  2+ 分が K 殻の電子 2 個によ
  って打ち消され，最外殻の L
  殻まで到達する正電荷は 1+
  になる*。

$_3$Li：

合計 1+

1+ と 1− の結びつき

- Na ➡ 陽子の正電荷 11+ のうち
  2+ が K 殻で，8+ が L 殻で
  打ち消され，最外殻の **M 殻**
  に及ぶ正電荷は 1+ になり，
  Li と同じになる*。しかし，
  L 殻よりも円周の大きな M

$_{11}$Na：

合計 1+

e^-：電子

●遮蔽効果

殻が最外殻になるから，半径は Li よりも大きくなる。

＊：本当は，それぞれの主殻（K，L，M，…）の別に加え，❶ 副殻（s，p，d，
　f）のちがいと，❷ 内側と外側の電子軌道が一部重なり遮蔽が不完全になるこ
　とを考慮する必要がある。これらを考慮した「**電子に及ぶ正味の正電荷**」のこ
　とを，有効核電荷という。

❸ 原子半径とイオン化エネルギー，電子親和力との関係

　原子半径が減少すれば，最外殻電子は原子核に強く引きつけられる。原子半径が小さいと，電子をしっかりキープして放出しない傾向にあるから，**イオン化エネルギー**（＝電子の出しにくさ）は増大する傾向にある。また，最外殻に空きがあれば（8個になっていなければ），閉殻になるまで電子をもらおうとするから，**電子親和力**（＝電子のもらいやすさ）も増大する傾向にある。両者が増大すれば，その和に相当する**電気陰性度**（＝陰性）も増大する。

原子半径と元素の性質

　全元素中で最も電気陰性度が大きい F（フッ素）は，F^- にはなりやすいのに F^{2-} にはならないのはなぜですか？

　陰性の大小（イオンへのなりやすさ）とイオンの電荷数とは，直接，関係がないんだ。イオンの電荷はどのように決まるのだろう。次に**電子配置から元素の性質を考え**，**何個の電子を授受するか（何価のイオンになるか）**を考えてみよう。

❹ 電子配置とイオン

　原子は，貴ガス（18族）の電子配置を目指して電子を授受し，化学反応を行う。これは，**貴ガスの電子配置が安定だからだ**。

たとえば，**2族のMg**（マグネシウム）原子は最外殻に**2個の電子**をもつから，これを放出して**Mg²⁺イオン**になり，貴ガスのNe（ネオン）と同じ安定な電子配置になろうとする（➡図）。

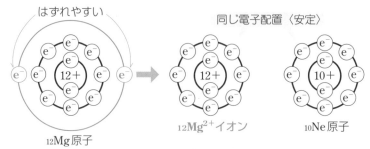

●安定なイオンの電子配置（₁₂Mg）

なぜ貴ガスの電子配置は安定なんですか？

Mg原子から1個ずつ電子をとりさっていく様子を考えてみよう。まず，P.46で説明した「遮蔽」の考え方を使って，Mgの各電子殻に内側から及ぶ電荷を考えてみよう。

K殻の電子には，原子核の正電荷12+ がそのまま及ぶが，L殻には，原子核とK殻の電荷を合計した10+ が及び，さらに最外殻の**M殻には，原子核，K殻，L殻を合計した2+だけが及ぶ。**

M殻（最外殻）の電子2個は原子核との結びつきが弱く，はずれやすい。したがって，Mgが2個の電子を出し**Mg²⁺**（₁₀**Neと同じ電子配置**）になることは容易だ（➡次頁の上図）。

しかし，3個目の電子をはずして**Mg³⁺になることはない**。3個目をはずすには，L殻の電子をはずさざるをえなくなるが，L殻電子の各々には10+ の大きな正電荷が及んでいて，このプラスと電子のマイナスとの結びつきを断ち切るのは並大抵じゃないからだ（➡次頁の上図）。

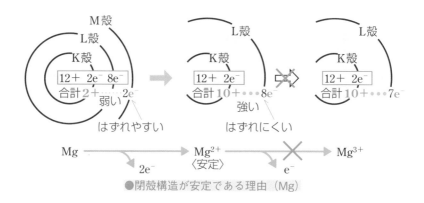

●閉殻構造が安定である理由（Mg）

　つまり，**最外殻の電子は容易にはずれることができるけど，内殻の電子ははずれない。**だから，電子を放出していくと，貴ガスの電子配置で止まってしまうんだ。

　今度は，**17族**の$_{17}Cl$（塩素）原子について考えてみよう。Clは最外殻に**7個**の電子をもつから，あと1個受けとって**Cl⁻イオン（塩化物イオン）**になり，貴ガスの$_{18}Ar$（アルゴン）と同じ安定な電子配置になろうとする。

同じ電子配置〈安定〉

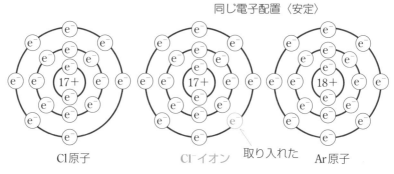

●安定なイオンの電子配置（$_{17}Cl$）

　$_{17}Cl$原子のK殻電子には17＋，L殻には15＋，最外殻のM殻にも7＋の大きな正電荷が及ぶため，**最外殻電子ははずれにくくなっている。**

　このため$_{17}Cl$は，むしろ外から電子を1個引き入れ，$_{18}Ar$と同じ電

子配置のCl^-（**塩化物イオン**）になろうとする。外からM殻に入って
きた電子にも，他のM殻電子同様，内側から7+の電荷が及ぶ。

　しかし，**2個目の電子を引き入れてCl^{2-}になることはない**。もし
なったら，$_{19}K$と同じ電子配置をとることになり，新たにN殻に入っ
た電子は，内側から及ぶ電荷1－と反発してしまうからだ。

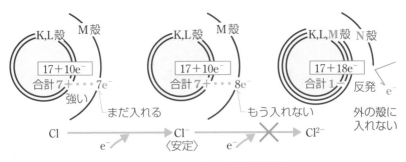

●閉殻構造が安定である理由（Cl）

　けっきょく，電子を放出するにしても，得るにしても，安定な**貴ガ
スの電子配置**が終着駅になる。

5 典型元素のイオンの電荷

　典型元素は，族番号に等しい数の最外殻電子をもつ。これが貴ガス
の電子配置を目指して電子を授受するから，1，2，13族は最外殻電
子を放出して，それぞれ**1＋，2＋，3＋のイオン**に，16，17族の原子
は，最外殻に外から電子をとりこんで，それぞれ**1－，2－のイオン**
になりやすい。

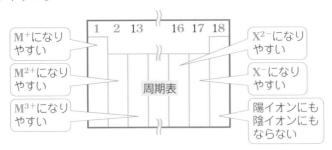

まとめ

1. 原子半径の周期律

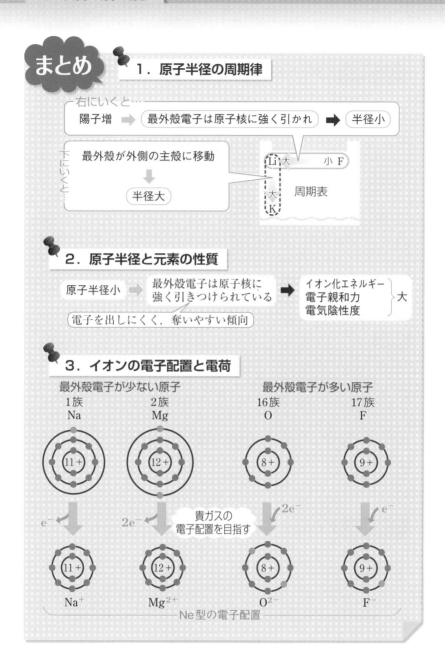

右にいくと…

陽子増 ➡ 最外殻電子は原子核に強く引かれ ➡ 半径小

下にいくと…

最外殻が外側の主殻に移動
⬇
半径大

Li 大　　小 F

大 K

周期表

2. 原子半径と元素の性質

原子半径小 → 最外殻電子は原子核に強く引きつけられている ➡ イオン化エネルギー 電子親和力 電気陰性度 〉大

電子を出しにくく，奪いやすい傾向

3. イオンの電子配置と電荷

最外殻電子が少ない原子

| 1族 | 2族 |
| Na | Mg |

最外殻電子が多い原子

| 16族 | 17族 |
| O | F |

(11+)　(12+)　(8+)　(9+)

e⁻　　2e⁻　　貴ガスの電子配置を目指す　2e⁻　　e⁻

(11+)　(12+)　(8+)　(9+)

Na⁺　　Mg²⁺　　O²⁻　　F⁻

Ne型の電子配置

例題1 ▍原子半径

原子半径に関して正しい文を選べ。

❶ 同一族（タテの関係）では，原子番号増加とともに原子核中の陽子数が増し，最外殻電子を結びつける力が増大するため，原子半径は小さくなる。

❷ 同一周期（ヨコの関係）では，原子番号増加とともに電子どうしの反発が強くなり，原子半径は大きくなる。

❸ 原子半径が大きくなると，最外殻電子と原子核との結びつきが弱くなるため，電子を放出しやすくなり，イオン化エネルギーが減少する傾向にある。また，電子を受けとりにくくもなるので，電子親和力も減少する傾向にある。

解答 ❸

解説 ❶ 同一族では原子番号増大に際し（＝周期表上で下にいくほど）陽子は増えるが，それだけ内殻の電子も増え，最外殻に及ぶ正電荷はほぼ変わらない。しかし，最外殻が外側の電子殻に移るため，原子半径は増大する。

❷ 同一周期では，原子番号増大に際し（＝周期表上で右にいくほど），原子核中の陽子数が増し，最外殻電子を結びつける力が増大する。この効果が，電子の反発の効果を上回るため，原子半径は減少する。

例題2 ▍イオンの電荷

次の元素の原子が安定なイオンになったときのイオン式を記せ。

(1) 第3周期1族の元素　　(2) 第3周期16族の元素
(3) 第4周期2族の元素　　(4) 第4周期17族の元素

解答 (1) Na^+　(2) S^{2-}　(3) Ca^{2+}　(4) Br^-

③ 遷移元素の周期律 🎓

　これまでは，周期律が明確に当てはまる典型元素をあつかってきたが，ここでは，周期律が不明確な遷移元素をあつかおう。周期律の「例外」に目を向けることになる。

　「例外」というのは，典型例とはまったく異質なものと思いがちだが，典型例に別の要因が加わったものだということがわかるだろう。

1 ｜ 典型元素と遷移元素のちがい

　原子番号が増すと最外殻電子数も増す典型元素は，原子番号増加に際し最外殻電子数が周期的に変わり，性質も周期的に変わるので，最外殻電子数の等しい同一族（周期表のタテ）の元素の性質が似る。

　一方，**遷移元素は原子番号が増しても最外殻電子はほぼ2個のままで一定**なので，むしろ同一周期（周期表のヨコ）の元素の性質が似る。

2 ｜ 遷移元素の原子半径と電気陰性度

1. 同一周期（ヨコ）の関係

　3〜11族の遷移元素では，原子番号増加に際し，**d軌道の電子が増える**。d軌道はs，p軌道よりも外側に張り出すので，原子核からd軌道までの距離は，その外側の主殻のs，p軌道までの距離と似てくる。このため，d軌道電子による遮蔽（➡P.46）は不完全になり，陽子とd軌道電子が増えると，その外側の主殻のs，p軌道には，大きめの正電荷（有効核電荷➡P.46の＊）が及ぶようになる。このため，**原子番号増大に際して原子半径は（右にいくほど）少しずつ収縮し，電気陰性度は少しずつ増大する**傾向にある。

2. 同一族（タテ）の関係

　原子半径は，ほぼ　（第4周期）＜（第5周期）＝（第6周期）

の関係になる。第6周期の元素は**f軌道**にも電子をもち，その遮蔽もd軌道電子同様不完全なので，最外殻電子に及ぶ**有効核電荷**はさらに大きくなり，原子半径は第5周期とほぼ同じになる。一方，**電気陰性度は，むしろ周期表で下の元素ほど大きくなる傾向にある**。これは，下の元素ほどイオン化エネルギーは小さいものの，**電子親和力が増大するからだ**。典型元素も含めて，電子親和力は下の元素のほうが大きくなることも珍しくない。これは，電子殻の半径が大きいと，新たに電子をとりいれたときに電子どうしの反発が起こりにくいからだ。

■遷移元素の原子半径と電気陰性度

族番号		3	4	5	6	7	8	9	10	11	12
周期	4	Sc 1.64 1.36	Ti 1.47 1.54	V 1.35 1.63	Cr 1.30 1.66	Mn 1.35 1.55	Fe 1.26 1.83	Co 1.25 1.88	Ni 1.25 1.91	Cu 1.28 1.90	Zn 1.34 1.65
	5	Y 1.82 1.22	Zr 1.60 1.33	Nb 1.47 1.60	Mo 1.40 2.16	Tc 1.35 1.90	Ru 1.34 2.20	Rh 1.34 2.28	Pd 1.37 2.20	Ag 1.44 1.93	Cd 1.51 1.69
	6	La 1.88 1.10	Hf 1.59 1.30	Ta 1.47 1.50	W 1.41 2.36	Re 1.37 1.90	Os 1.35 2.20	Ir 1.36 2.20	Pt 1.39 2.28	Au 1.44 2.54	Hg 1.51 2.00

上段：原子半径（金属結合半径）単位：10^{-8}cm，
下段：電気陰性度（ポーリングの値）　出典：理科年表

3 | 12族元素

12族元素は**遷移元素**に分類される。d，s軌道ともに閉殻構造になっているので，11族までの遷移元素と比べると，**イオン化エネルギーは少し大きいが，電子親和力が非常に小さいため，電気陰性度も小さめの値になる**。

■12族元素の電気陰性度

族番号		12
周期	4	Zn 1.65
	5	Cd 1.69
	6	Hg 2.00

4 | 第4周期以下の13，14族元素

13族，14族は典型元素に分類される。第4周期13族のGa，14族のGeは，d軌道電子の不完全な遮蔽により**有効核電荷**が増大し，最外殻電子が原子核に強く引きつけられるため，**電気陰性度が第3周期の同族元素（Al，Si）よりも大きくなる。**

第6周期のTl，Pbでは，f電子の不完全な遮蔽も加わるために，さらに**電気陰性度が増大**する。このため，とくに最外殻s軌道の2個の電子が強く原子核に引きつけられ放出されにくくなり，最外殻p軌道電子だけが放出されたイオン（Tl^+，Pb^{2+}）が安定に存在する。

このような傾向は，p軌道に電子が満たされていくにしたがって，p軌道の遮蔽のほうが主要因となり，かき消されていく。**15，16族**では，**第3周期と4周期，第5周期と6周期の電気陰性度はそれぞれほぼ同じになり，17族の電気陰性度はきれいに上にいくほど大となる。**

■13，14族元素の電気陰性度

族番号		13	14
周期	2	B 2.04	C 2.55
	3	Al 1.61	Si 1.90
	4	Ga 1.81	Ge 2.01
	5	In 1.78	Sn 1.96
	6	Tl 2.04	Pb 2.33

有効核電荷の求め方が知りたいです。

簡単に近似値を求めることができるスレーターの経験則があるから教えよう。

5 | スレーターの規則（有効核電荷の求め方）

有効核電荷（原子核から各電子に及ぶ正味の正電荷）をZ^*，陽子数をZ，遮蔽定数をSとおくと，

$$Z^* = Z - S$$

と表される。遮蔽定数Sは，次のようにして求める。

遮蔽定数Sの求め方

(1) 軌道を [1s] [2s, 2p] [3s, 3p] [3d] [4s, 4p] [4d] [4f] [5s, 5p] ……にグループ分けする。

(2) 上記グループで，有効核電荷を算出したい電子からみて左側に書かれている軌道のうち，

❶ 2つ以上内側の主殻 (K, L, M, …) にある電子 ➡ **1個につき1**

❷ 1つ内側の主殻にある電子 ➡ **1個につき0.85**

❸ 上記で同じグループに属する電子 ➡ 有効核電荷を算出したい電子以外の電子**1個につき0.35**（1sの場合だけ0.30）

❹ 有効核電荷を算出したい電子がd, f軌道にある場合は，左側のグループに属する電子 ➡ **1個につき1**（完全な遮蔽）

たとえば，Si（ケイ素）[1s(2)]，[2s(2), 2p(6)]，[3s(2), 3p(2)] の最外殻とCr（クロム）[2p以下(10)]，[3s(2)，3p(6)]，[3d(5)]，[4s(1)] の3d軌道，4s軌道について，遮蔽定数S，有効核電荷Z^*を求めてみよう。

$$[1s] \quad [2s, \ 2p] \quad [3s, \ 3p]^*$$

$_{14}$Siの最外殻　　$S = 2 \times 1 + 8 \times 0.85 + 3 \times 0.35 = 9.85$

（3s，3p軌道）　$Z^* = 14 - 9.85 = \textbf{4.15}$

$$\begin{array}{c}
\qquad\qquad\qquad [2p以下][3s, \ 3p] \quad [3d]^* \\
3d軌道 \quad S = 10 \times 1 + 8 \times 1 + 4 \times 0.35 = 19.40 \\
Z^* = 24 - 19.40 = \textbf{4.60} \\
\qquad\qquad\qquad [2p以下] \ [3s, \ 3p] \qquad [3d]^* \\
4s軌道 \quad S = 10 \times 1 + 8 \times 0.85 + 5 \times 0.85 = 21.05 \\
Z^* = 24 - 21.05 = \textbf{2.95}
\end{array}$$

$_{24}$Cr

このようにして第4周期遷移元素の3d，4sの有効核電荷Z^*を算出すると，次の表のようになる。

*：たとえばSi [3s, 3p] の4個の電子のうち，1個は有効核電荷を考えたい当該電子（＝自分）なので，その遮蔽効果は考えない。

6 遷移元素の有効核電荷とイオンの電荷

■遷移元素の有効核電荷（Z^*）

族	3	4	5	6	7	8	9	10	11	12
元素	Sc	Ti	V	Cr	Mn	Fe	Co	Ni	Cu	Zn
3d	3.0	3.7	4.3	4.6	5.6	6.3	6.9	7.6	7.9	8.9
4s	3.0	3.2	3.3	3.0	3.6	3.8	3.9	4.1	3.7	4.4

　この有効核電荷をもとに，遷移元素がどんなイオンになりやすいか
を考えてみよう。

1．遷移元素全般

　有効核電荷が「内殻のd電子＞最外殻のs電子」なので，イオンに
なるときは「**最外殻のs電子➡内殻のd電子**」の順で電子がはずれる[1]。

2．3〜7族元素

　3d電子に及ぶZ^*が比較的小さく，4s，3d電子すべてを化学結合に
用いて酸化数[2]（「究極の電荷」）の**大きな状態になりやすい**（V，Cr，
Mnの最高酸化数はそれぞれ+5，+6，+7）。

3．8〜12族元素

　3d電子には大きなZ^*が及び，はずれにくくなる。主に**4s電子のみ
が放出される**ようになり，通常2+，最高でも3+の電荷しかとらな
いようになる（最高電荷はFe，Co：+3，Ni，Cu：+2）。

＊1：原子番号（＝陽子数）を増大させて電子を増やすときはs→dの順で電子
　　　が満たされた（➡P.28）が，陽子数を一定にして電子をはずすときは，d→sで
　　　はなく，**s➡d**の順ではずれる。これは，最外殻s軌道に及ぶ有効核電荷のほう
　　　が，内殻のd軌道に及ぶそれよりも小さいからである。

＊2：結合に使われる電子対（共有電子対）を，より電気陰性度の大きな原子に
　　　渡したと仮定したときの電荷。簡単には，化合物中の酸素原子を−2，水素原
　　　子を+1，イオンになるものはその電荷に等しいとして算出される。ひとこと
　　　でいえば「究極の電荷」。

1．遷移元素の周期律

電気陰性度：少しずつ増大 ➡

むしろ
下のほうが
電気陰性度：大
⬇

周期＼族	3 4 5 6 7	8 9 10 11 12
4 5 6	高い電荷（酸化数） もとりやすい	通常2＋ 高くても3＋ の電荷

⬅ 原子半径：少しずつ増大

2．第4周期遷移元素がとりうる電荷（酸化数）

	族	3	4	5	6	7	8	9	10	11	12
原子の電子配置	元素	Sc	Ti	V	Cr	Mn	Fe	Co	Ni	Cu	Zn
	3d	1	2	3	5	5	6	7	8	10	10
	4s	2	2	2	1	2	2	2	2	1	2
イオンになったときとりうる電荷（酸化数）										+1	
		+3	+2	+2	+2	+2	+2	+2	+2	+2	+2
			+3	+3	+3	+3	+3	+3	+3	+3	
			+4	+4		+4			+4		
				+5							
					+6	+6					
						+7					

色字：4s，3d電子すべてをはずしたときの電荷
色字：4s電子のみをはずしたときの電荷

3．第4周期以下の13，14族元素

最外殻に及ぶ Z^* 増大 ← d, f電子の不完全な遮蔽

⬇

最外殻s軌道の電子2個：強く原子核に引きつけられる

⬇

p軌道の電子だけがはずれたイオンが安定に存在する
例➡14族のSn，Pbは4＋のほかに2＋にもなる

例題1 ▌遷移元素の性質

遷移元素の性質について，誤った記述はどれか。

❶ 遷移元素の原子半径は，同一周期の典型元素よりも小さくなる傾向にある。これは，d電子の遮蔽が不完全なため，最外殻に及ぶ有効核電荷が増大するからである。

❷ 遷移元素の第6周期元素は，同族の第5周期元素と原子半径が似ている。これは，第6周期遷移元素の場合，d電子に加えてf電子の遮蔽も不完全で，最外殻に及ぶ有効核電荷がかなり増大するからである。

❸ 同一周期の遷移元素の原子半径は，原子番号増加とともに少しずつ増大していく。これは，電子が内殻に充填されていくことによって最外殻が内殻と反発し，広がるようになるからである。

❹ 同一族の遷移元素の電気陰性度は，原子番号増加とともに少しずつ増大する傾向にある。これは，周期が増すにつれてd，f電子の不完全な遮蔽の影響が増し，電子親和力が増大するためである。

解答 ❸

解説 同一周期では，右にいく（＝原子番号増大）と，原子半径は少しずつ減少する。これは，d電子の不完全な遮蔽の影響が増し，典型元素と同様に有効核電荷が増大するからだ。

例題2 ▌有効核電荷

$_{13}Al$の最外殻電子に及ぶ有効核電荷（Z^*）を算出せよ。
[1s (2)，2s (2)，2p (6)，3s (2)，3p (1)]

解答 3.50

解説

$$[1s] \quad [2s, 2p] \quad [3s, 3p]$$

$_{13}Al$の最外殻　$S = 2 \times 1 + 8 \times 0.85 + 2 \times 0.35 = 9.50$

（3s，3p軌道）　$Z^* = Z - S = 13 - 9.50 = 3.50$

（Z：原子番号，S：遮蔽定数）

第3講 原子の結合

0 共有結合の概念が認められるまで

　ゲイリュサックは，1803年のドルトンの原子説を「天才的発想だ」とたたえ，自らも原子説を裏づけようとして気体反応の法則（1808年）を発表した。ところが，当時は水素（H_2）や酸素（O_2）などの気体は，原子（H，O）のまま飛び回っていると考えられていたので，その実験結果は原子説と矛盾するものになってしまった。

　イタリアのアボガドロは，ただちに分子説（1811年）を提唱してこの矛盾を解決したが，残念なことに彼の分子説はその後，半世紀もの間，日の目をみることはなかった。というのも，当時はベルセリウスらが提唱していたイオン結合の概念で化学結合が説明されていたため，マイナスイオンになりやすい酸素原子どうしが強く結びつくという分子説は，はじめから相手にされなかったのだ。

「第3講」では化学結合をあつかおう。高校レベルの説明では，最外殻電子を8個にするために化学結合を行うと教えるが，その根本には，**「プラスとマイナスの引きあい」**があることがわかるだろう。

①─化学結合

P.47「**4** 電子配置とイオン」では，原子核と電子の結びつきを考え「最外殻電子が8個（K殻だけは2個）になれば，貴ガスの電子配置と同様の安定な閉殻構造になる」ことを説明した。

ここでは，この「最外殻電子8個が安定」という結果を使って，化学結合の基本を説明しよう。

1 | イオン結合

陽性の強い金属元素の原子と，**陰性の強い非金属元素の原子**が反応すると，電子が金属の原子から非金属の原子にわたって，安定な閉殻構造をもつ陽・陰イオンができる[*1]。こうしてできたイオンがクーロン力[*2]で引きあうことによる結合をイオン結合という。

例→NaCl

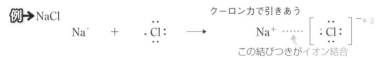

* 1：NaClの場合，いったんNaとClが共有結合し，その共有電子対が電気陰性度の大きなClのほうに完全にかたより，陽・陰イオンになるという説明もできる。
* 2：静電気的引力ともいう。プラスとマイナスの間に生じる引力。
* 3：最外殻電子を点で表した式を電子式という。

2 | 共有結合

　電子を出したがらない**非金属（＝陰性）の原子どうしが反応し，一部の最外殻電子を2つの原子の間で共有する**ことによって，各原子のまわりの最外殻電子を8個にしようとする結合を共有結合という。

例 → Cl_2 の生成

電子対　　　　　　　　　　　　　　　共有電子対（2つの原子のまわりを回る）

$$:\overset{\cdot\cdot}{Cl}\cdot \quad + \quad \cdot\overset{\cdot\cdot}{Cl}: \quad \longrightarrow \quad :\overset{\cdot\cdot}{Cl}\overset{\cdot\cdot}{Cl}:$$

この結びつきが共有結合

不対電子　　　　　　　　　非共有電子対（1つの原子のまわりだけを回る）

　共有電子対が右の Cl 原子のまわりを回っているときは，左の Cl の最外殻電子は6個だが，右の Cl は8個で安定になる。共有電子対が左の Cl を回りだすと，今度は左の Cl が8個で安定になる。

共有結合

③ | 配位結合

　電子対が一方の原子から提供されることによってできる共有結合。結合した後は共有結合と同じ性質になる。陽イオンと，非共有電子対をもつ分子やイオン（配位子という）とからできる結合。

例→アンモニウムイオン（NH_4^+）

$$H^+ \ + \ \overset{H}{\underset{H}{\odot N : H}} \ \longrightarrow \ \left[\ \overset{H}{\underset{H}{H \odot N : H}} \ \right]^+$$

非共有電子対　　　　　　　　4組とも共有電子対（同じ性質の結合）

　電気陰性度差の小さな結合ほど共有結合の性質に似てくるため，**配位結合の結合力**は，陽イオンと非共有電子対を提供する原子との**電気陰性度差が小さいほど，強い傾向**にある。金属としては電気陰性度が大きめの遷移元素（Ag^+，Cu^{2+} など）は，配位結合を行いやすい。金属が配位子と配位結合してできるイオンを錯イオンという。

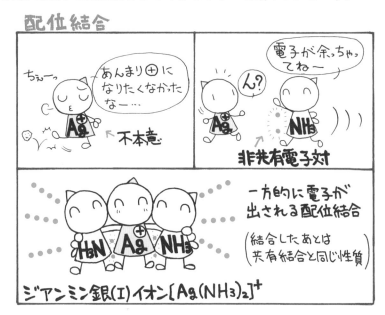

配位結合

ちぇーっ　あんまり⊕になりたくなかったなー…　←　不本意

電子が余っちゃってねー　ん？　非共有電子対

一方的に電子が出される配位結合

（結合したあとは共有結合と同じ性質）

ジアンミン銀(Ⅰ)イオン $[Ag(NH_3)_2]^+$

　電子を出したがる（＝陽性の）金属の原子どうしがであうと，お互いに最外殻電子を失った状態になろうとして，最外殻どうしを次々とくっつける。最外殻電子は，どの原子にも束縛されない自由電子となり全原子によって共有される。

　この結合を金属結合という。共有結合と同じ要領で，自由電子が他の原子を回っているときに，原子は電子を失った貴ガス型の電子配置になって安定化する。

例→ ナトリウム（Na）

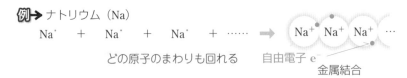

Na$^{\cdot}$　＋　Na$^{\cdot}$　＋　Na$^{\cdot}$　＋ …… ➡ Na$^+$ Na$^+$ Na$^+$ …

どの原子のまわりも回れる　　自由電子 e$^-$

金属結合

全員で共有しあう金属結合

閉殻構造になることと，引力が生じることとは別問題だと思うのですが……。

　P.47「**4** 電子配置とイオン」でも説明したとおり，「最外殻電子は8個で安定」というのは，プラスとマイナスが引きあった結果にすぎない。そこで，次の「**2** 結晶」では化学結合によってできた結晶をとりあげながら，どこにプラスとマイナスの引力が生じているのかを説明しよう。

まとめ **1. 元素の陽性，陰性と，化学結合の種類**

元素	非金属元素 (陰性元素)		金属元素 (陽性元素)

結合	共有結合	イオン結合	金属結合

2. 配位結合

水素イオン　銀イオンなど
$$H^+ \qquad Ag^+$$

比較的電気陰性度
が大きい陽イオン

水　　　　アンモニアなど

$$\overset{\cdot\cdot}{:}\overset{}{O}:H \qquad :\overset{H}{\underset{H}{N}}:H$$

非共有電子対をもつ
分子やイオン(配位子)

配位結合
(配位子の非共有電子対が，陽イオンに提供される)

電子式

$$\left[\; H:\overset{\cdot\cdot}{\underset{\cdot\cdot}{O}}:H \;\right]^+ \qquad \left[\; H:\overset{H}{\underset{\cdot\cdot}{N}}:H \;\right]^+ \qquad \left[\; H:\overset{H}{\underset{H}{N}}:Ag:\overset{H}{\underset{H}{N}}:H \;\right]^+$$

構造式

$$\left[\; H\leftarrow \overset{}{\underset{H}{O}}-H \;\right]^+ \qquad \left[\; H-\overset{H}{\underset{H}{N}}-H \;\right]^+ \qquad \left[\; H-\overset{H}{\underset{H}{N}}\rightarrow Ag\leftarrow \overset{H}{\underset{H}{N}}-H \;\right]^+$$

(←：配位結合，　―：共有結合)

化学式

$$H_3O^+ \qquad\qquad NH_4^+ \qquad\qquad [Ag(NH_3)_2]^+$$

名 前

オキソニウム　　アンモニウム　　ジアンミン銀(Ⅰ)イオン
イオン　　　　　イオン
　　　　　　　　　　　　　　↑錯イオン

次のうち，誤った記述を含む文はどれか。
1 　オキソニウムイオンは2つの共有結合と1つの配位結合からなるが，3つの結合の強さや長さは等しい。
2 　二酸化炭素CO_2のC−O原子間の結合は共有結合である。
3 　金属元素の原子と非金属元素の原子との結合はすべてイオン結合である。
4 　金属元素の原子どうしの結合はすべて金属結合である。

解答 　3

解説 　錯イオン中には，金属のイオンと非金属の分子やイオンとからなる配位結合が含まれる。よって，すべての金属―非金属間の「結合」がイオン結合というのは誤り。ただし，結合ではなく，次節であつかう「結晶」の種類であれば，錯イオンを含む物質もイオン結晶に分類されるから，「金属と非金属からできるのはイオン結晶」といういい方はできる。1「共有結合と配位結合は結合した後は同じ性質」であることをさしている。2 分子と分子との間にはたらく「分子間力」を連想するかもしれないが，「分子の中の結合」であることに注意しよう。

例題2 ▌化学結合(2)

　ヘキサアンミンコバルト（Ⅲ）塩化物 $[Co(NH_3)_6]Cl_3$ について，どの粒子間にどの結合が生じているかをすべて記せ。

解答 　Co−N間：配位結合　　　N−H間：共有結合
$[Co(NH_3)_6]^{3+}$−Cl^-間：イオン結合

解説 　錯化合物の場合，[　　　]の部分が錯イオン（ひとかたまり）の部分を表し，その内部の金属原子―非金属原子間の結合は配位結合。[　　　]の部分と，外側の金属原子または非金属原子との結合はイオン結合。イオン結合は水に溶けるとほぼ全部切れてバラバラになるが，配位結合は水中でもほとんど切れない。

結晶（粒子が規則正しく並んでできた固体）

　プラスとマイナスは引きあう。プラスどうし，マイナスどうしは反発する。理由はわからない。そうなるものをプラス，マイナスと名づけただけだ。しかし，これを前提にすれば物質の性質が理解できる。

　ここでは，粒子が化学結合してできる「結晶」をあつかおう。粒子と粒子の結びつきは，すべてプラスとマイナスの引きあいによるのだということがわかるだろう。

1 | イオン結晶

　陽イオンと陰イオンが多数であうと，1組ずつ別々にくっつくのではなく，何組ものイオンが1つの大きな集合体（結晶）になる。

　たとえばNaClの結晶中では，1つのNa$^+$イオンの前後，左右，上下の6か所にCl$^-$イオンが，そのCl$^-$の前後左右上下にもまた別のNa$^+$がイオン結合で結びつき，これを繰り返して陽イオンと陰イオンが交互に切れ目なくつながる（⇒図）。

　じつは，Na原子とCl原子がNa$^+$とCl$^-$になっただけでは，むしろ不安定な状態になる。**イオンがクーロン力で結合してはじめて安定になる**んだ。結晶中では，Na$^+$…Cl$^-$…Na$^+$…（プラス…マイナス…プラス…）の配列が多数生じており，非常に安定になっている。

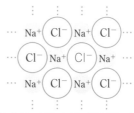

陽イオンと陰イオンが交互に立体的に切れ目なくつながる（前後にもつながる）

●NaClの結晶の構造

　結晶中ではNa$^+$とCl$^-$がそれぞれ6つの異符号イオンと結びついているのだから，その化学式はNa$_6$Cl$_6$とすべきじゃないでしょうか？

イオン結晶のように，切れ目なく粒子がつながってできる物質を化学式で表記するときは，構成粒子の数を最小の整数比で表した「組成式」を用い，「NaCl」などと表記する。

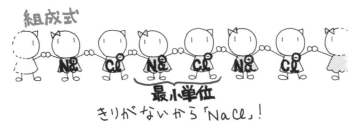

組成式

最小単位

きりがないから「NaCl」！

2 共有結合結晶

不対電子の多い**14族**の非金属元素（**C，Si，Ge**）は，網の目状（三次元的）に共有結合を切れ目なく繰り返し，結晶の端から端まですべて共有結合で結ばれた「共有結合結晶」をつくりやすい。

たとえば，ダイヤモンドは炭素原子の4つの不対電子が，それぞれ他の原子の不対電子と組になって共有電子対になり，4方向に共有結合を切れ目なく伸ばしてできた結晶だ（➡図）。

共有結合結晶も，化学式は「組成式」で表し，ダイヤモンドなら「**C**」と表記する。共有結合は，すべての化学結合の中でいちばん強い[*1]ので，**共有結合結晶はきわめて硬く，融点，沸点[*2]がきわめて高い。**

電子式でかくと　　　構造式でかくと

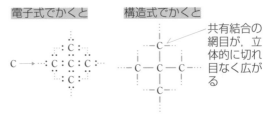

共有結合の網目が，立体的に切れ目なく広がる

（—は結合手とよばれ，共有電子対1組分を表す）

●共有結合が切れ目なく続く共有結合結晶（ダイヤモンド）

＊1：結合力の強いものから順に並べると，❶ 共有結合＞❷ イオン結合＞❸ 金属結合＞❹ 分子間力による結びつきとなる。

＊2：融点➡融解（固体➡液体）する温度，沸点➡沸騰（液体➡気体の変化が液体の内部でも起こる）する温度。

共有結合のどこにプラスとマイナスの引力が関係
しているんですか?

　共有電子対は2つのC原子を回るため，その**電荷の重心が両原子核の中間にくる**[1]。プラス電荷は原子核に残されているから，原子核（プラス）…共有電子対（マイナス）…原子核（プラス）…の配列が繰り返されることになり，安定な配列をしている（➡図）。

＊1：本当は，電子の波が干渉しあうことによって，2つの原子の中間点の電子
　　密度が大きくなる。

●共有結合におけるプラス，マイナスの配置

３ │ 分子結晶

　共有結合でできた分子が，分子間力[2]という弱い結びつきで集合したものが分子結晶だ。
　たとえば，I（ヨウ素）原子が多数であっても，共有結合が切れ目なく繰り返されるわけではない。I原子は結合手（共有電子対）を1本しか出せないから[3]，2原子1組のヨウ素分子I_2になったら，それ以上，共有結合で長くつながることはできないんだ（➡次頁の図）。

＊2：分子間力には，水素結合とファンデルワールス力とがある（後述）。
＊3：それ以上共有電子対をもつと，1つの原子のまわりに8個を超える最外殻
　　電子が所属してしまうことになる。

ヨウ素原子

共有結合（強い）
ヨウ素分子

分子間力（弱い）

ヨウ素の分子結晶

●共有結合に切れ目ができる分子結晶

　**分子と分子との間には，共有結合よりもずっと弱い分子間力だけが
はたらく。**この力で分子が集合し，分子結晶になる。したがって，一
般に**分子結晶はやわらかく，沸点，融点が低い**。たとえば，I_2（ヨウ
素）は常温で固体だが，昇華*して気体になりやすい。

　分子をつくる物質を化学式で表すときは，1分子中の原子数を表す
「分子式」を使う。単体のヨウ素の結晶なら，Iではなく「I_2」と表す。

*：「固体➡気体」または「気体➡固体」に直接変化すること。

　　　　　アボガドロが提唱した分子っていうのは，強く結
びついているものだったんじゃないんですか？

　分子結晶は，気体になっても分子のままだ。**分子間力は切れるが共
有結合はそのまま残している。**2つの結びつきを混同しないようにし
よう。分子内の，原子と原子の間にはたらくのは強い共有結合だけど，
分子と分子との間にはたらくのは弱い分子間力だけだ。共有結合を切
らなくても，分子間力による結びつきを切るだけで液体，気体になれ
るんだ。I_2分子を夫婦にたとえると，夫婦が何組か集まって（固体に
なって）団体旅行に行くのと同じことだ。自由行動のとき，夫婦（I_2）
どうしは簡単にバラバラ（これで気体）になるが，夫と妻までがバラ
バラになることは少ない。

4 | 金属結晶

　金属（陽性元素）の原子が多数であうと，最外殻をくっつけながら集合していき，金属結晶をつくる。

　たとえばNa（ナトリウム）の結晶中では，1個のNa原子に対して他のNa原子が8個結びつき，最外殻を重ねながら原子が切れ目なくつながっている。

陽イオン　　自由電子

立体的に切れ目なくつながる

●Naの結晶

　それぞれの最外殻電子は，1個の原子核にしばられず，結晶中をすみからすみまで自由に動き回ることができるので自由電子とよばれる。

　金属結晶は，陽イオンと自由電子からなるということができる。

　2個の陽イオンの間を自由電子が通過するとき，陽イオン（プラス）…自由電子（マイナス）…陽イオン（プラス）の配列が生じるから安定になる（⇒図）。

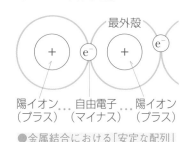

最外殻

陽イオン … 自由電子 … 陽イオン
（プラス）　（マイナス）　（プラス）

●金属結合における「安定な配列」

金属結晶も，イオン結晶や共有結合の結晶と同じく切れ目がないので，化学式で表すときは組成式を用い，「Na」などと表記する。

　金属は自由電子をもつため，❶ **金属光沢**，❷ **電気伝導性**，❸ **熱伝導性**，❹ **展延性をもつ**。金属光沢は，自由電子が光を吸収することによる。電気，熱伝導性は，自由電子が自由に動けることによる。

　「展延性」って何ですか？

　「展性」は2次元に伸びる（箔になる）性質，「延性」は1次元に伸びる（針金になる）性質のことで，どちらも金属だけがもつ特殊な性質だ。金属結晶は，ハンマーでたたいて粒子をずらしても「プラス…マイナス…プラス」の関係が壊れず結合が保たれるから形を変える（伸びる）ことができる。しかし，イオン結晶だったら，粒子がずれると一転して反発力が生じ，結晶が割れる（図）*。

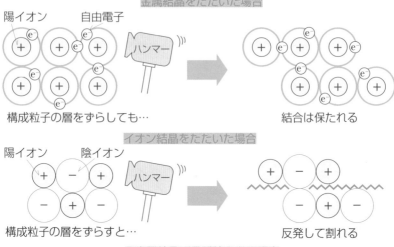

●金属結晶が展延性をもつ理由

＊：共有結合は，結合に方向性があるため，構成粒子をずらした時点で結合が切れて割れる。

まとめ 1．化学結合の種類と結合の様子

結合の種類	結ばれるプラスとマイナス
イオン結合	陽イオン（プラス）と陰イオン（マイナス）
共有結合	原子核（プラス）と共有電子対（マイナス）
金属結合	陽イオン（プラス）と自由電子（マイナス）

2．結晶の種類と性質

元素	非金属元素（陰性元素）		金属元素（陽性元素）	共有結合で分子を形成
結合	共有結合	イオン結合	金属結合	分子間力
	強い ←	結合力		→ 弱い
結晶	共有結合結晶	イオン結晶	金属結晶	分子結晶
	高い 硬い ←	融点，沸点 硬さ		→ 低い やわらかい
化学式	組成式	組成式	組成式	分子式
例→	ダイヤモンド C	塩化ナトリウム NaCl	アルミニウム Al	ドライアイス CO_2

例題1 ■ 結晶の種類

次の物質の結晶を，金属結晶，イオン結晶，共有結合の結晶，分子結晶の4つに分類し，それぞれの化学式を記せ。

銅　　酸化アルミニウム　　二酸化炭素　　二酸化ケイ素
塩化アンモニウム　　　　　水

解答　金属結晶：銅 Cu
イオン結晶：酸化アルミニウム Al_2O_3, 塩化アンモニウム NH_4Cl
共有結合の結晶：二酸化ケイ素 SiO_2
分子結晶：二酸化炭素CO_2，水（氷）H_2O

解説　「まとめの2」の図に示したとおり，金属元素のみからなる結晶はすべて金属結晶と分類すればよい。

金属元素と非金属元素の両方を含むものをすべてイオン結晶と分類する。

非金属元素のみからできているものは**3つの可能性**がある。ダイヤモンド（C），黒鉛（C），ケイ素（Si），二酸化ケイ素（SiO_2），炭化ケイ素（またはカーボランダム，SiC），ゲルマニウム（Ge）などは共有結合の結晶だが，他のほとんどは分子結晶だ。また，アンモニウム塩（アンモニウムイオンNH_4^+を含むもの）だけは，非金属のみからなるが，陽イオンと陰イオンからなるのでイオン結晶に分類する。

例題2 ■ 金属結晶とイオン結晶

固体の金属と固体のイオン結晶の電気伝導性のちがいを，理由とともに説明せよ。

解答　金属は陽イオンと自由電子からなり，自由電子が結晶中を移動できるので電気伝導性がある。一方，イオン結晶は陽イオンと陰イオンからなり，結晶中ではこれらの粒子が移動できないため電気伝導性がない（電気を導く粒子のちがいに着目して説明する。なお，イオン結晶も，融解したり水に溶けて液状になれば，イオンが移動できるようになるので電気伝導性をもつ）。

金属単体の融点

リチウムとカリウムとでは，どちらが高融点か。なお，粒子が強く結合するものほど融点は高くなる。

解答 Li

解説 金属は，自由電子と陽イオン（＋電荷の重心は原子核にある）の間に生じるプラスとマイナスの引力で結びついている。LiもKも，陽イオンの電荷（1＋）は同じだから，後は距離の問題になる。P.45で説明したとおり，**原子半径は周期表で上にあるLiのほうが小さい。**したがって，KよりもLiのほうが原子核と自由電子との距離が小さいので，結合力が強く，**融点は高くなる**（融点　K：63.5℃，Li：137℃）。

なお，1族以外の金属は最外殻電子が増加し，陽イオンになったときの電荷が大きくなるので融点が高くなる。

さらに遷移元素は，最外殻に及ぶ有効核電荷（⇒P.46＊参照）が増大し，d軌道の電子も自由電子になりうるので結合力が増し，いっそう高融点になる。ただし，12族近辺は，d軌道が閉殻構造になるため自由電子を放出しにくくなり，比較的低融点となる（⇒図）。

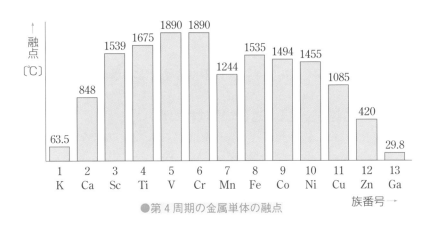

●第4周期の金属単体の融点

③ アモルファスと液晶 🎓

「アモルファス（非晶質）」と「液晶」のちがいがわかるだろうか？**アモルファスは，固体だけど結晶ではない。**つまり，流動性はないが，構成粒子が規則正しく並んでいるわけではない。これに対して**液晶は，液体だけども結晶だ。**つまり，流動性はあるが，構成粒子が規則正しく並んでいる。ここでは，アモルファスと液晶をとりあげよう。

1 | アモルファス

1．アモルファス（非晶質）とは

固体は普通，原子や分子などの構成粒子が規則的に並んだ「結晶」の状態にある。たとえ粉末であっても，それは結晶が粉々になっただけのことで，粉の内部をみれば粒子は規則正しく並んでいる。

しかし，ごく一部の物質は**原子が不規則に並んだまま固体になった**アモルファス**という状態をとる。**古くから有名なものはガラスやコークス（無定形炭素）だが，最近はアモルファスシリコンやアモルファス金属といった先端材料がつくられるようになった。

2．アモルファスのつくり方

液体物質をゆっくり冷やせば，原子や分子などの構成粒子は，きちんと配列して結晶になる。ならば，結晶にさせないためには，**構成粒子が配列する速さを超える速さで冷却すればいい。**

酸化物は一般に結晶化が遅く，比較的アモルファスになりやすい。ガラスは石英（二酸化ケイ素 SiO_2）がアモルファス化したものだ*。一方，金属は一般に結晶化が速く，長らくアモルファスをつくれなかった。しかし，近年ようやくできるようになり，特殊材料としていろいろな用途への応用が期待されている。

＊：石英ガラスは純二酸化ケイ素だが，他のガラスは二酸化ケイ素とケイ酸塩の混合物になっている。

3．アモルファスの長所

アモルファスが結晶より秀でた点は，大きく分けて以下の３つだ。

> ❶　好きな形に加工でき，大型の物質をつくることができる。
> ❷　強く，粘り（靭性）のあるものができる。
> ❸　少ない工程で製造できるので，ローコストで大量生産が可能。

ガラスをイメージすれば感覚的にはわかるだろう。ガラス製品を石英の単結晶でつくることはきわめて難しい。以下，アモルファスシリコンとアモルファス金属をとりあげ，具体的に説明しよう。

2 ｜ アモルファスの工業製品への応用

1．アモルファスシリコンと大型太陽電池

従来の太陽電池に使われていたシリコン（ケイ素 Si）は，❶ ダイヤモンドの原石と同様にきれいに原子が配列した単結晶をつくり，❷ さらにその結晶を薄くスライスしてつくっていた。このような時間のかかる工程を経て，ようやく１個の直径が数十 cm のシリコン板ができた（➡図）。大型太陽電池をつくるには，さらにこのシリコン板を敷きつめていかなければならず，非常にコストのかかるものだった。

●シリコン（Si）単結晶板の製造

しかし，アモルファスシリコンなら，基盤にシリコンを蒸着させる（Si を熱して蒸気にし，これを冷却された基板に触れさせる）ことによって，広い範囲に，しかも曲面や段差があっても一様にシリコンの層をつくることができる。ローコストで大量に性能のよい太陽電池がつくれるんだ（➡次頁の図）。

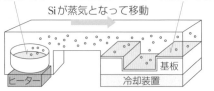

融解させたSi　　基盤上に一様なSi薄膜ができる

Siが蒸気となって移動

ヒーター

基板

冷却装置

●アモルファスシリコン薄膜製造の原理図

じゃあ，LSIなどの半導体の基盤もアモルファス化すれば，すごく安い電子部品ができるんですね。

　じつは，原子が無秩序に並んだアモルファスシリコンのSi原子の結合手（不対電子）は，すべて他のSi原子と結合しているわけではなく，一部余っている。化学的に大変不安定な状態だ。これを安定にするために，余った結合手には水素原子をくっつける。このために，精密な半導体としての性能はシリコン単結晶よりも劣ってしまう。何でもアモルファスのほうがいいというわけでもない。でも，技術革新が進めば，極薄のLSIがアモルファスシリコンでできるかもしれない。

2．アモルファス金属

　工業的につくられた金属結晶は，じつは粒子の配列にところどころ欠陥（＝格子欠陥）がある（➡図）。この欠陥のために，金属の強度は完全な結晶の約100分の1になっている。そこで金属を焼きなましたり，鍛えたりして，この欠陥をなくすのだが，それには大変な手間がかかり，生産効率が著しく悪い。

　しかし，アモルファス金属なら，融解させた液状の金属を急冷するという1段の工程によって，焼きなましや鍛錬を繰り返した結晶金属よりも

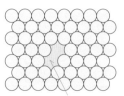

この空洞が格子欠陥

外から力をかけると，力が格子欠陥に集中し変形，破壊されやすい

●格子欠陥をもつ結晶金属の構造

78

強い素材をつくることができるんだ*。さらに，一般に強度が大きい物質は靭性（粘り）が低下し脆くなるが，アモルファス金属は靭性も大きい。つまり，**衝撃を受けても割れにくいんだ。**

＊：引っぱり強度（どこまで力をかけて引っぱれば破断するのかを表す数字）を比べると，大量生産品の結晶鉄合金でいちばん強いピアノ線は約3000MPa。これに対し，アモルファス鉄合金は4000MPaを超え，むしろ完全無欠な鉄結晶の約8500MPaに近づいている。

アモルファスは粒子が不規則に並んでいるのに，なぜ強度も靭性も大きくなるんですか？

　前頁の図に示したように，工業生産された結晶金属は，外力がかかったとき，**格子欠陥**にその力が集中してしまい，その部分から変形したり裂けたりしやすい。アモルファス金属は，全体的に不規則な並び方をしているために，**むしろ外力が分散されて1か所に力が集中してしまうことがない。**しかも，まるでスポンジのように適度に空間が残っているために，粘り（靭性）も大きいんだ（➡図）。

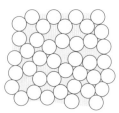

外から力をかけても，
1か所に力が集中する
ことはないので強い

●アモルファス金属の構造

3．アモルファス合金

　2種以上の金属を融解させて混合し，冷やしてつくった混合物（固溶体）を合金という。

　通常の金属どうしで合金をつくろうとすると，冷却の途中あちこちで結晶が析出しはじめ，これが成長して継ぎ合わさるため，継ぎ目での強度が低下してしまう。また，冷却初期に結晶化する物質と，後に析出する物質の組成がちがい，ミクロの目でみると，部分部分でまったくちがう性質の結晶が生じている合金になってしまうことも多い（➡次頁上の図）。

しかし，合金の液体を急冷してアモルファス合金にすれば，液体のときと同じように**異種の元素が均一に混じりあった状態を維持したまま固体にすることが**

できるから，結晶の継ぎ目などの弱い部分ができず，**強度の大きな合金をつくる**ことができるんだ（➡下の図）。

このように，アモルファス材料は，まだまだ未知の領域を残した大変おもしろい素材だといえる。急速冷却などのアモルファス化の技術が発達すれば，ぐっと用途が広がり，汎用_{はんよう}材料になるだろう。

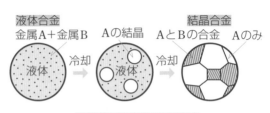

液体合金　　　　　　　　Aの結晶　　　　結晶合金
金属A＋金属B　　　　　　　　　AとBの合金　　Aのみ
液体　→ 冷却 →　液体　→ 冷却 →

顕微鏡でみたときの様子
●冷却によって結晶合金ができる過程

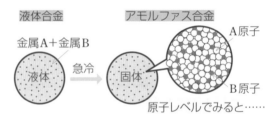

液体合金　　　　　　　　　アモルファス合金
金属A＋金属B　　　　　　　　　　　　　　　　　A原子
液体　→ 急冷 →　固体
　　　　　　　　　　　　　　　　　　　　　　　B原子
　　　　　　　　　　　　　　　　　原子レベルでみると……
●結晶合金とアモルファス合金のちがい

❸ ｜ 液　　晶

1. 液晶とは

液体は流動性があり，分子は刻々とその位置を変える。また，いろいろな方向を向いた分子がランダムに存在するから，物質全体としては，どの方角から光を当てても屈折率や透過率が同じになる。

一方，結晶は構成粒子が固定されていて流動性がない。また，一部の結晶には，光を当てる方向によって屈折率，透過率がちがっているものがある。それは，結晶中において，たとえば上下方向には構成粒子は密に並んでいるが，左右方向はすき間が空いているというような構造をとるからだ。これを光学的異方性という。

　細長い分子からなる分子結晶の一部には，一定の温度範囲で液体と結晶の中間の性質を示すものがある。つまり，**液体のような流動性と，結晶のような光学的異方性をあわせもつ**。このような状態のことを液晶というんだ。

　なぜ液晶は流動性と結晶性をあわせもつんですか？

　液晶の性質を理解するために，構成粒子の配列をみてみよう。

2．液晶の構造

　液晶の構造は1次元的に分子が固定されたネマティック液晶と，2次元的に分子が固定されたスメクティック液晶に大別できる*。

❶　ネマティック液晶（➡図）

　スパゲッティを束ねた状態と同じで，分子が長手方向に固定されて1つの棒をつくるが，棒と棒とは自由にすべりあい，物質全体の形を変えることができる。ネマティック液晶は，**液体が1次元的にだけ結晶化**している。

＊：もうひとつ，不斉炭素原子というものをもつ有機化合物がつくるコレステリック液晶というものもあるが，平面的に固定されているという意味ではスメクティック液晶と同様だ。

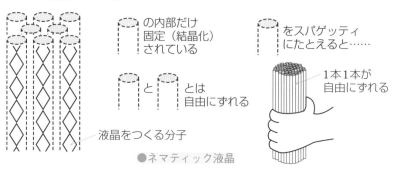

の内部だけ
固定（結晶化）
されている

をスパゲッティ
にたとえると……

と　　とは
自由にずれる

1本1本が
自由にずれる

液晶をつくる分子

●ネマティック液晶

❷ スメクティック液晶

洋服ダンスにかかった洋服の列と同じで、分子が面状に固定され、面と面との間隔が広がったり縮んだりできる。

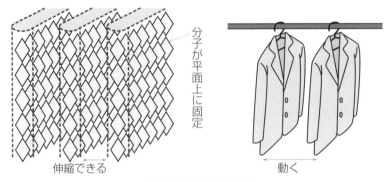

分子が平面上に固定

伸縮できる　　　　　　　　　動く

●スメクティック液晶

スメクティック液晶は、**液体が2次元的にだけ結晶化**している。つまり、液晶とは、構成粒子が上下、前後、左右の3方向に固定された結晶のうち、1または2方向の固定をはずして流動性を出したものと理解することができる。

3．液晶画面への応用

液晶に電極をつけて電圧をかけると、液晶分子中のプラスに帯電した部分がマイナス極に、マイナスに帯電した部分がプラス極に向こうとするので[1]、分子の向きがいっせいに変わる（➡次頁の図）。配列が変われば光の透過性も変わる[2]。

そして電場をとり除けば、再び分子間力によって元の配列にもどり、光の透過性も元どおりになる。これを利用して光を通過、遮断させて画像をつくるのが液晶画面だ[3]。

［1］：分子のある部分がプラスに、ある部分がマイナスに帯電しているものを極性分子という。極性分子については「第4講」で説明する。

［2］：本当は、単に分子と分子の間にすき間が生じるから光が通るというわけではなく、「偏光の透過性」というものを考えなければならないので難しい。

［3］：液晶は薄型画面を可能にしたが、別に光源を必要とするため極端な薄型化は困難だった。しかし、最近では、有機化合物に電圧をかけ直接発光させる有機ELという材料が開発され、超薄型画面が可能になった。

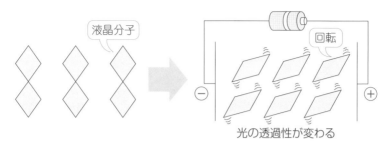

●液晶画面の原理

まとめ

1．アモルファス

固体

結晶
構成粒子が整然と並ぶ

- 長所
  - 製造技術 ➡ 簡単
  - 大型の素材 ➡ 製造できる
- 短所
  - 格子欠陥がある ➡ 強度が著しく低下する
  - 製造工程 ➡ 多い（時間がかかる）

アモルファス
構成粒子が不規則に並ぶ

- 長所
  - 強度，靭性 ➡ 高い
  - 製造工程 ➡ 少ない
- 短所
  - 急速冷却の技術 ➡ 難しい
  - 非金属（Si等） ➡ 結合手が余る

2．液　晶

状　態	分子の結びつき	流動性
液　体	一部が不規則に切れている	あり
液　晶	ネマティック液晶：一次元に規則的につながる	あり
	スメクティック液晶：二次元に規則的につながる	
結　晶	三次元に規則的につながる	なし

例題 1 ┃ **アモルファス(1)**

　通常の工業的製法による結晶金属よりもアモルファス金属のほうが，強度が大きい理由を説明せよ。

解答　工業製品の結晶金属は格子欠陥を含み，外力をかけるとこの部分から破壊が進みやすいが，アモルファス金属は構成粒子の配列が不規則なため外力が分散されるから。

例題 2 ┃ **アモルファス(2)**

　アモルファス金属を自動車，飛行機，建材などの大型構造材に利用するとしたら，製造技術上で克服しなければならない最も重要な問題は何であると考えられるか。

解答　融解した金属を直接，目的の形になるように，かつ瞬時に素材全体を冷却しなければならないという問題。

 **例題 3** ┃ **液　晶**

　液晶についての以下の文章のうち正しいものはどれか。
　❶　液晶とは，構成粒子が三次元的に固定されているが，大きな力をかけると構成粒子どうしがずれて形が変化するものをいう。
　❷　ネマティック液晶は，構成粒子が平面的に固定されており，この平面どうしの距離が変化するため流動性をもつ。
　❸　スメクティック液晶は，構成粒子が線状に固定されており，線と線がずれるため流動性をもつ。
　❹　液晶画面は，液晶に電圧をかけるとその配列が変化し，光の透過性が変化することを利用している。

解答　❹
解説　❶の性質は，金属の展性，延性のことを指している。
❷はネマティックをスメクティックに変えれば正しくなる。
❸はスメクティックをネマティックに変えれば正しくなる。

第4講 分子の構造と性質

0 電子の時代

　20世紀は「電子の時代」だったといわれる。物質がなぜ色をもつか，なぜ電気を通すかといった物理的性質から，窒素原子がなぜ水素3原子と化合するか，できたアンモニアはなぜアルカリ性を示すのかといった化学的性質まで，すべてが電子の挙動で説明できるようになった。

　それなのに，電子がどのような軌跡を描いて運動しているかという疑問には，とうとう答えることができなかった。「第1講」でも触れたとおり，電子というのは「粒子」でもあり「波」でもある，非常にとらえどころのないモノだからだ。

　「第4講」では，分子の構造を，電子に着目しながら考えてみよう。「❶ 分子の構造」では，電子のことを電荷を帯びた粒子と考える経験則的な「原子価結合法（VB法）」や「原子価殻電子対反発理論（VSEPR理論）」，「❷ 混成軌道」では「混成軌道」を，「❸ 量子化学の概要」では電子を電荷と質量をもった波と考える「量子化学の概要」をあつかい，化学結合の本質に迫ろう。

原子が化学結合して分子をつくると，各原子のまわりの最外殻電子はそれぞれ8個になる（最外殻K殻のH原子は2個）。

ここでは，このような単純な約束で分子の構造や結合の様子が考えられる「原子価結合法（VB法）」と，「原子価殻電子対反発理論（VSEPR理論）」をあつかおう。経験則ではあるが，分子構造を簡単に議論できるので便利だ。

1 │ 分子の構造の表し方

1. 電 子 式

電子式とは，最外殻電子を点で表したものだ。まずは原子の電子式をかいてみよう。下記のように電子を1個ずつかいていき，5個目以降は対にしながらかいていくとよい*。

原子の電子式	H	・Be	・B・	・C・	・N・	:O・	:F・
（最外殻電子数）	1	2	3	4	5	6	7

次に分子の電子式を組み立てよう。電子が1個のままの辺（不対電子）どうしを共有結合させていき，**どの原子のまわりにも8個（Hは2個）の点がつくようにすればいい。**

分子の電子式

例→ H_2O
（水）

H・　　H・　　・O:　⟹　H:O:
　　　不対電子　　　　　　　　H

*：このようにかくと，「励起状態」といって，原子が結合を行う直前の電子式を表すことになる。普段の Be，B，C 原子は「基底状態」といって，s 軌道に2個の電子が入り（→ P.29），それぞれ Be　・B　・C と表されるような状態になっている。

２．構造式

電子式をかくのは煩雑なので，不対電子を共有結合の「うで」と考えた，構造式というものがよく使われる。「うで」１本ずつを出しあって共有結合が１組できると考えるんだ。

原子の構造式　　H−　　−Be−　　−B−　　−C−　　−N−　　−O−　　−F
　　　　　　　　　　　　　　　　　　　　　　　　　　　　｜

この「うで」を「結合手」，結合手の数を「原子価」という。**結合手が余らないように原子を組めば，分子ができる**。結合手を結んでできた棒を「価標」という。そして，価標１本で原子が結ばれている結合を「単結合」，２本で結ばれている結合を「二重結合」，３本では「三重結合」という。

分子の構造式

例➡ H_2O　　　　H−，　　　H−，　　　−O−　　　⇒　　　　H−O
　　　（水）　　　　　　　　　　　　　　　　　　｜　　　　　　　　　　　　 ｜
　　　　　　　　　　　　　　　　　　　　　　　　　　　　　　　　　　　　　H

このように，「原子には**一定の数の結合手**があり，それらがつなぎあわされて分子ができる」と考えて共有結合を表現する方法を，**VB法**（原子価結合法）という。通常は，この方法で分子構造を考える。

３．電子式，構造式の例

上述の方法で簡単な分子の電子式，構造式を組んでみよう。

■電子式，構造式のつくり方

分子式 （化合物名）	構成原子 の電子式	分子の 電子式	分子の 構造式
F_2 （フッ素）	：Ḟ・　・Ḟ：	：F：F：	F−F
HF （フッ化水素）	H・　・Ḟ：	H：F：	H−F

H_2O
（水）
	H・ :Ö:
	
	 ・
	 H
		H:Ö:
		・・
		H
			H−O
			  |
			  H

NH_3
（アンモニア）
	H・ :N: ・H
	
	 ・
	 H
		H:N:H
		・・
		H
			H−N−H
			    |
			    H

CH_4
（メタン）
	H
	  ・
	H・ ・C・ ・H
	  ・
	  H
		H
		H:C:H
		  H
			H
			  |
			H−C−H
			  |
			  H

　単結合だけでは各原子のまわりの電子が**8個**にならない（＝結合手に過不足が生じる）ときは，二重結合，三重結合を組んで8個にする。それでも8個にならないときは配位結合（⇒P.63）を使う。

■多重結合，配位結合を含む分子の電子式，構造式

分子式 （化合物名）	構成原子 の電子式	分子の 電子式	分子の 構造式
CO_2 （二酸化炭素）	:Ö・ ・C・ :Ö・	:Ö::C::Ö:	O=C=O
HCN （シアン化水素）	H・ ・C・ ・N:	H :C:::N:	H−C≡N
SO_2 （二酸化硫黄）	:Ö・ :S・ :Ö・	:Ö::S:Ö:	O=S→O

　ここでは配位結合を→で表す。矢印の向きは電子対の供与方向だ。配位結合の表し方には，次頁のように形式電荷をつける方法もある。

4. 配位結合における形式電荷

　配位結合の共有電子対は，片方の原子が供与したとはいえ，共有結合と同様に2個の原子に属する。共有電子対の電子を1個ずつ両原子に割り当てると，**配位結合の部分には電荷がつくことになる**。これを「形式電荷」という*。

　たとえば，SO_2の共有電子対は以下のように割り当てられるから，S原子は結合前に6個だった最外殻電子が5個に減って**+1の形式電荷**を，右のO原子は1個増えるから**−1の形式電荷**をもつことになる。

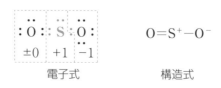

電子式　　　　　　　　構造式

*：このように，異種元素間の電子対を2原子で「山分け」すると考えて算出する「形式電荷」は，実際の電荷を表すものではない。実際は共有電子対が電気陰性度の大きな原子のほうに引きよせられているからだ。また，酸化・還元であつかう「酸化数」ともちがうので，混同しないようにしよう。

　　すると，同じ S—O 結合でも，左側の二重結合と右側の
　　配位結合（単結合と同等）とでは性質がちがうんですね？

　じつは，上記のS—O結合は左右とも同じ性質だ。このような特殊なものを説明するために，共鳴理論というものがある。

5. 共　　鳴

　SO_2の2つのS—O結合の性質（長さ，強さ）が等しいのは，次の図の構造式❶と❷が，**きわめて短い時間で入れ替わっている**からだ。
　構造式❶と❷は，それぞれの「瞬間」における構造を表し，「極限構造式」という。1つの構造が続いているわけではなく，全体としては，極限構造式を平均化した状態になっている。このように，2種以上の構造式を使うことにより，結合の性質がそれらの中間の性質になっているのだと説明する理論を「共鳴理論」という。

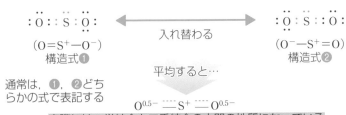

$(O=S^+-O^-)$
構造式❶

入れ替わる

$(O^--S^+=O)$
構造式❷

通常は，❶，❷どちらかの式で表記する

平均すると…

$O^{0.5-} \cdots S^+ \cdots O^{0.5-}$

実際には，単結合と二重結合の中間の性質になっている

●共鳴理論

2 分子の立体構造

VSEPR理論（電子価殻電子対反発理論）

最外殻の電子対どうしは反発しあい，互いに最も離れあう方角に伸びて分子をつくろうとする。

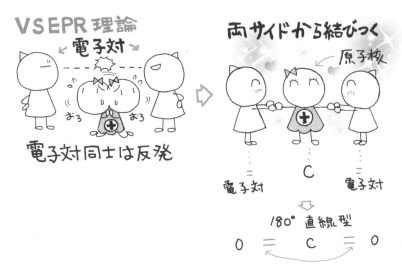

そこで，電子式を使って最外殻の電子対の延伸方向を把握し，分子の形を予測してみよう。

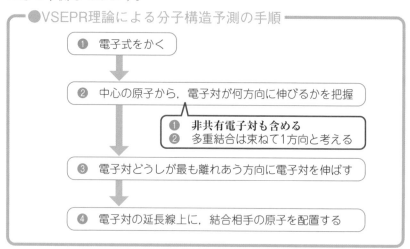

●VSEPR理論による分子構造予測の手順

① 電子式をかく

② 中心の原子から，電子対が何方向に伸びるかを把握

  ❶ 非共有電子対も含める
  ❷ 多重結合は束ねて1方向と考える

③ 電子対どうしが最も離れあう方向に電子対を伸ばす

④ 電子対の延長線上に，結合相手の原子を配置する

■VSEPR理論による分子構造の説明

電子対延伸方向	電子式化合物名	VSEPR理論による立体構造の予測（それぞれ，実際の分子構造と一致する）
四方向	H:C:H（メタン）	正四面体型
	H:N:H（アンモニア）	非共有電子対 / 三角錐型 / 共有電子対
	H:O:H（水）	折れ線型

92

三方向	H:C:H ·· :O: ホルムアルデヒド	H H ＼／ C ‖ O	平面三角形型
	:Ö::S::Ö: 二酸化硫黄	S ／＼ O O	折れ線型
二方向	:Ö::C::Ö: 二酸化炭素	O＝C＝O	直線型
	H:C:::N ·· シアン化水素	H−C≡N	直線型

　けっきょく，VSEPR理論とは，「**最外殻中の非共有電子対を含めたすべての電子対が反発しあうと考えれば，分子構造が予測できる**」というものなのだ。

❸ 分子の極性と水素結合，双極子モーメント

1．結合の極性

　異元素どうしが結合すると，**共有電子対はより電気陰性度の大きな原子のほうに引きよせられ**，片方の原子が少しプラス，他方の原子が少しマイナスに帯電する。これを「結合の極性」という。

結合の極性の例

$$\overset{\delta+}{H}-\overset{\delta-}{N} \qquad \overset{\delta+}{H}-\overset{\delta-}{O} \qquad \overset{\delta+}{H}-\overset{\delta-}{F} \qquad \overset{\delta+}{C}=\overset{\delta-}{O}$$

2．無極性分子

　単体で形式電荷をもたない分子は，結合自体に極性がないから無極性分子になる。また，結合に極性があっても，**分子構造が対称的**で結合の極性が打ち消されるときは，分子全体では**無極性**になる。

93

無極性分子の例

❶ 結合自体に極性がない

$N \equiv N$
窒素

$F-F$
フッ素

黄リン

❷ 結合の極性（→）が，分子全体で打ち消しあう

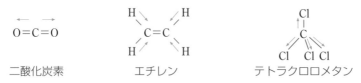

$O=C=O$
二酸化炭素

エチレン

テトラクロロメタン

3．極性分子

　形式電荷か，結合の極性をもち，これらが分子全体で打ち消されない非対称構造の分子は，極性分子になる。

極性分子の例

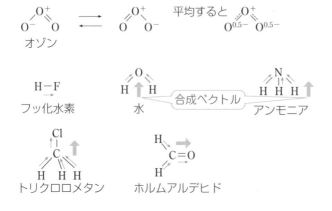

オゾン　平均すると

$H-F$
フッ化水素

水　合成ベクトル

アンモニア

トリクロロメタン　ホルムアルデヒド

分子は共有結合でできているのに，プラス，マイナスに帯電するなんて，まるでイオン結合みたいじゃないですか。

　そう。「極性」とは「**共有結合がもつイオン結合性**」といいかえられる。異種元素からできた化学結合は，イオン結合と共有結合の中間の性質をもつんだ。結合している2原子の電気陰性度差等によって2つの結合の割合が変化するんだよ。
　たとえば，陽性元素Mと陰性元素Xからできた化合物があるとすると，次の表に示すような感じだ。

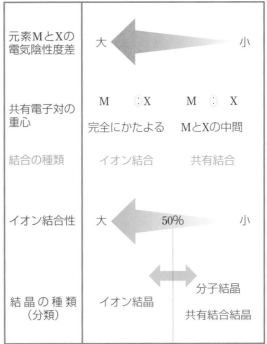

■化合物MXの共有電子対と結合の性質

イオン結合性の数値はどうやって求めるんですか？

　実験で直接イオン結合性を測定することはできない。そこで，実測可能な値からイオン結合性を割り出す方法を考えてみよう。

4. 双極子モーメント

　双極子モーメントは，**電気量と距離の積に相当するベクトル量**で，実験で求めることができる。これを化合物MXにあてはめよう。

　電子1個が運ぶ電気量は「電気素量」といい，1.60×10^{-19}Cである。電子1個が「原子間距離」だけ重心移動すれば，完全なM^+X^-になり，イオン結合性は100％になる。このときの双極子モーメントは，

　　「双極子モーメント＝電気素量×原子間距離」

と表される。イオン結合性がa〔％〕だったら，双極子モーメントの値も$a/100$倍になる。したがって，双極子モーメントとイオン結合性との関係は次の式で表せる。

> ●双極子モーメントとイオン結合性の式
>
> $$e \,〔\text{C}〕 \times r \,〔\text{m}〕 \times \frac{a\,〔\%〕}{100} = \mu \,〔\text{C·m}〕$$
>
> a, r, μは，x, y, zと同じく変数を表す。
>
> 　e：電気素量1.60×10^{-19}〔C（クーロン）〕
> 　r：原子間距離〔m（メートル）〕
> 　a：イオン結合性〔％〕
> 　μ：双極子モーメント〔C·m（クーロン・メートル）〕

　この式を使えば，双極子モーメントを測定することによってイオン結合性を算出できる。ハロゲン化水素の値を次の表に示そう。

■代表的な水素化合物の双極子モーメントとイオン結合性

分子式	原子間距離 r〔m〕	双極子モーメント μ〔C・m〕	イオン結合性 〔%〕
HF	0.92×10^{-10}	6.1×10^{-30}	41
HCl	1.3×10^{-10}	3.7×10^{-30}	18
HBr	1.4×10^{-10}	2.8×10^{-30}	13
HI	1.6×10^{-10}	1.5×10^{-30}	6

（電気素量は 1.6×10^{-19}C）

双極子モーメント

双極子モーメントが半減

イオン結合性100%　⟹　イオン結合性50%

5．水素結合

　極性分子は少しイオン結合性を帯びるから，分子間に弱いクーロン力がはたらき，分子どうしの結びつきが強くなる。

　とくに，H—N，H—O，H—Fの部分構造には，比較的大きなクーロン力がはたらき，水素原子をはさんでN，O，F（陰性元素）が強く結びつけられる格好になる。このような結合はとくに水素結合とよばれる。

　水素結合する物質は，沸点，融点が普通の分子よりかなり高い。

水素結合

なぜ水素原子を介したときはクーロン力が強くなるんですか？

　1つには，H原子とN，O，F原子との電気陰性度差が大きいため，極性も大きくなる傾向にあること，2つ目は，水素原子には他の原子が近づきやすいことだ。

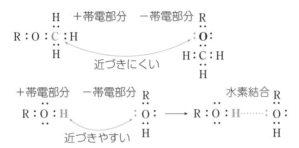

　水素結合は，**弱いイオン結合**と理解すればよい。その結合は，共有結合，イオン結合などの化学結合よりは弱いが，**無極性分子の分子間力（ファンデルワールス力）**よりはかなり強い。

---●結合力の比較---

　共有結合の結合力を100として，結びつきの力を大まかに比較すると，

（無極性分子の分子間力）

共有結合	>	水素結合	>	ファンデルワールス力
100		10		1

まとめ

1．電子式，構造式，分子構造

例→ アセトアミド

$H \cdot$ 5原子　　$\cdot \overset{\cdot}{C} \cdot$ 2原子　　$\cdot \overset{\cdot \cdot}{N} \cdot$ 1原子　　$: \overset{\cdot \cdot}{O} \cdot$ 1原子

$H-$　　　　$-\overset{|}{\underset{|}{C}}-$　　　　$-\overset{}{\underset{|}{N}}-$　　　　$-O-$

分子式	電子式	構造式
C_2H_5NO	$\begin{matrix} & H & & \\ & \overset{\cdot\cdot}{} & & \\ H : C_① : C_② : N : H \\ & \overset{\cdot\cdot}{} & \overset{\cdot\cdot}{} & \\ & H & O & H \end{matrix}$	$\begin{matrix} & H & & \\ & | & & \\ H-C-C-N-H \\ & | & \| & | \\ & H & O & H \end{matrix}$

非共有電子対を含めたすべての電子対が離れる（**VSEPR理論**）

分子構造

:紙面の手前に伸びている

:紙面の奥に伸びている

:紙面上にある

2. 極　性

電気陰性度の差　　　　　　　　配位結合

なし　　　　　あり　　　　　あり

結合に
極性がない　　　　結合に
極性あり　　　　形式電荷
あり

分子構造	
対称構造 （結合の極性が打ち消される）	非対称構造

無極性分子　　　　　　　　　極性分子

3．双極子モーメントとイオン結合性

$$\times 結合距離 \times \frac{イオン結合性〔\%〕}{100}$$
〔m〕

電気素量
〔C〕　　　→　　　双極子モーメント
〔C・m〕

4．水素結合

H原子をはさんでN，O，F原子が結びつく

$$\overset{\delta+}{\cdots\cdots H}-\overset{\delta-}{F}\cdots\cdots\cdots\overset{\delta+}{H}-\overset{\delta-}{F}\cdots\cdots$$
水素結合

→　沸点，融点：比較的高い

例題1 ▌分子構造と表し方

　以下の化合物の電子式と構造式をかけ。配位結合があるときは形式電荷を記す方法で構造式を記し，共鳴構造が考えられるときはその極限構造式をすべて記せ。

(1) メチルアミン（分子式 CH_5N）

(2) 硝酸（分子式 HNO_3）

(3) 三酸化硫黄（SO_3）

解答 (1) メチルアミン

$$H : \overset{..}{\underset{..}{C}} : \overset{..}{\underset{..}{N}} : H \qquad H-\overset{H}{\underset{H}{C}}-\overset{H}{N}-H$$

電子式　　　　　　　構造式

(2) 硝酸　　電子式　$H : \overset{..}{\underset{..}{O}} : N :: \overset{..}{\underset{..}{O}} :$

$: \overset{}{\underset{..}{O}} :$

極限構造式　$H-O-\overset{+}{N}-O^-$　　$H-O-\overset{+}{N}=O$

$\underset{O}{\|}$ 　　　　　$\underset{O^-}{|}$

(3) 三酸化硫黄　　電子式　$: \overset{..}{O} :: S : \overset{..}{O} :$

$: \overset{}{\underset{..}{O}} :$

極限構造式　$^-O-\overset{2+}{S}-O^-$　　$O^--\overset{2+}{S}=O$　　$O=\overset{2+}{S}-O^-$

$\underset{O}{\|}$ 　　　　　$\underset{O^-}{|}$ 　　　　$\underset{O^-}{|}$

《参考》　三酸化硫黄 SO_3 は，VSEPR理論からの予測どおり，平面三角形型構造をとる。極限構造式を平均すると，S原子に $+2$，各O原子に $-2/3$ の形式電荷が生じるが，結合の極性は分子全体で打ち消されるので無極性分子である。

例題2 ▎分子構造と極性の有無

以下の分子の分子構造と，極性の有無を答えよ。

(1) ジクロロメタン（CH_2Cl_2）

(2) アセチレン（C_2H_2）

解答

		分子構造		極性
(1)	ジクロロメタン	四面体構造		あり
(2)	アセチレン	直線構造	H—C≡C—H	なし

(1) のジクロロメタンの構造式（Cl, C, Cl, H, H）

解説 (1) 四面体構造では，4つの結合すべてが同種のときだけ打ち消しあう。いまは C—Cl，C—H の2種の結合があるため，結合の極性が打ち消しあわず，分子全体でも極性をもつ。

(2) 2つの C—H 結合の極性が打ち消しあうから，分子全体では無極性。

例題3 ▎イオン結合性

塩化ナトリウムは気体になったときだけは，分子式 NaCl で表される2原子分子になる。この分子のイオン結合性を算出せよ。ただし，電気素量は $1.6×10^{-19}$〔C〕，原子間距離は $2.4×10^{-10}$〔m〕，双極子モーメントは $30×10^{-30}$〔C·m〕である。

解答 78〔%〕

解説 P.96「双極子モーメントとイオン結合性の式」または，「まとめ」の3の計算図を使って計算する。イオン結合性を a〔%〕とおくと，

$$1.6×10^{-19}×2.4×10^{-10}×\frac{a}{100}=30×10^{-30}$$
$$a=78.1 \Rightarrow \textbf{78\%}$$

これより，代表的なイオン結晶である NaCl ですら，22%の共有結合性をもっていることがわかる。イオン結合性が50%を超えるものをイオン結晶というが，100%イオン結合性のイオン結晶というのは実在しない。

② 混成軌道 🎓

　化学結合して**分子をつくると，その電子軌道はもとの原子とはちがってくる。**ここでは，原子の電子軌道が変化して混成軌道をつくり，それらがつながって分子の電子軌道ができると考える方法（**AO法**）を，炭素化合物を例にとって説明しよう。

　混成軌道というのはあくまで経験則ではあるが，比較的簡単に共有結合の正体に迫ることができる便利な考え方だ。

1 | 炭素原子がつくる混成軌道

　炭素原子の電子軌道は1s（2），2s（2），2p（2）だ。スピンの向きを区別して電子を↑，↓で表すと下記のとおり（➡ P.29）になる。

　この状態では不対電子が2つしか
ないから，あたかも原子価は2価の
ように思える。しかし，現実の炭素
原子は4価だ。

　そこで，この事実を説明するため
に以下のように考える。以降は化学
結合に関与しうる最外殻電子（2s，2p）だけをかこう。

（エネルギー）
2p　| ↑ | ↑ | |
2s　| ↑↓ |
1s　| ↑↓ |

1．基底状態と励起状態

　通常の電子配置を基底状態という。炭素原子が共有結合するときは，2s電子1個が外部からエネルギーを吸収し，空いている2p軌道に入る（これを「昇位」という）。これを励起状態という。これで不対電子が4個になる（➡ P.87の＊）。

（エネルギー）
2p　| ↑ | ↑ | |　　　　2p　| ↑ | ↑ | ↑ |
2s　| ↑↓ |　エネルギー　　2s　| ↑ |
　　　　　　　を吸収

　　　　　　基底状態　　　　　　　　　励起状態

２．混成軌道

　しかし，炭素原子が励起状態のまま化学結合したら，2s軌道に由来する結合１つだけが他の３つ（2p）とちがう性質になるはずだが，現実には炭素原子から発する**4本の結合の性質は等しい**。

　そこで，異なるエネルギー準位の2s軌道と2p軌道が合わさって，新たにエネルギー準位の等しい「混成軌道」をつくって，全体としてより安定な状態になるのだと考える。炭素原子の混成軌道には，以下の３つがある。

■炭素原子がつくる混成軌道

混成軌道	つくる結合			例	
	単結合	二重結合	三重結合		
sp^3	4個			$H-\overset{\displaystyle H}{\underset{\displaystyle H}{C}}-H$	メタン
sp^2	2個	1個		$\overset{H}{\underset{H}{}}C=C\overset{H}{\underset{H}{}}$	エチレン
sp	1個		1個	$H-C\equiv C-H$	アセチレン
		2個		$\overset{H}{\underset{H}{}}C=C=C\overset{H}{\underset{H}{}}$	プロパジエン（中央の炭素）

３．混成軌道による分子構造の説明

前頁の表に例示された化合物の構造を示そう。

❶ メタン CH_4

sp^3混成軌道（➡炭素原子が４本の単結合をつくる）

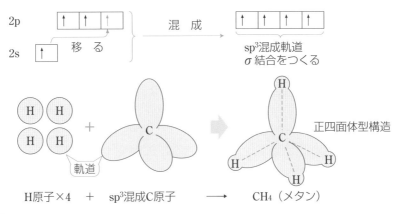

H原子×4　＋　sp^3混成C原子　⟶　CH_4（メタン）

❷ エチレン C_2H_4

sp^2混成軌道（➡炭素原子が２本の単結合と１組の二重結合をつくる）

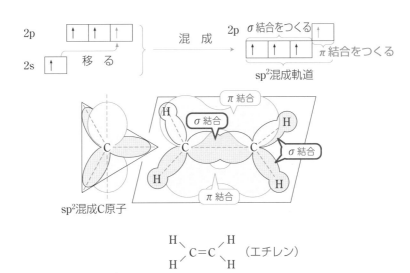

メタンの４個の単結合のように，結合軸に沿って軌道が伸びる共有結合を「σ（シグマ）結合」という。**σ結合は，結合相手との軌道の重なりが大きいため結合力も強い。**

　エチレンの二重結合の１本目は単結合と同じσ（シグマ）結合だが，２本目の結合は「π（パイ）結合」といって，σ結合と性質がちがう。π結合は，結合軸に対して直角方向に伸びた軌道が，隣りあう結合相手の軌道と少しだけ重なってできる。

　重なりが少ないから結合力も弱い。したがって，二重結合全体の結合力は，単（σ）結合よりは強いが，単結合の２倍まではいかない。

❸　アセチレンC_2H_2
sp混成軌道（➡炭素原子が１本の単結合と１組の三重結合をつくる）

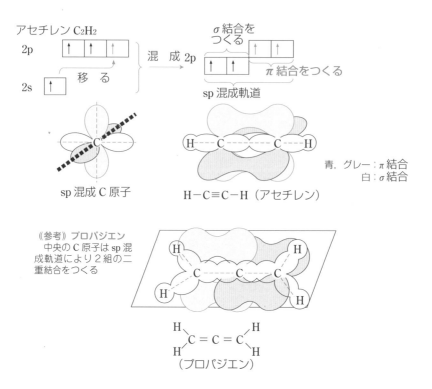

アセチレン C_2H_2
2p 　↑ ↑ ↑
移る
2s 　↑
混成
σ結合をつくる
2p 　　↑ ↑
sp混成軌道 　↑ ↑
π結合をつくる

sp混成C原子

青，グレー：π結合
白：σ結合

$H-C≡C-H$（アセチレン）

《参考》プロパジエン
　中央のC原子はsp混成軌道により２組の二重結合をつくる

$$\begin{matrix} H & & & & H \\ & C = C = C & \\ H & & & & H \end{matrix}$$
（プロパジエン）

④ ベンゼン C_6H_6

sp^2 混成軌道をとる炭素原子が 6 原子環状に結合する。

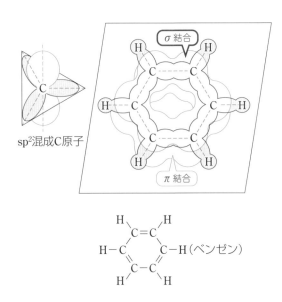

sp²混成C原子

σ 結合

π 結合

$$H-\overset{\overset{\displaystyle H}{|}}{C}=\overset{\overset{\displaystyle H}{|}}{C}-H$$

（ベンゼン）

　ベンゼンは平面構造をとり，その π 電子雲は全部つながって，芳香族性＊と呼ばれる特殊な性質を発現する。

＊：芳香族性とは，①平面構造の環を持ち，環を構成する原子間の結合距離が一定，②エネルギー的に安定，③付加反応を行いにくく，むしろ水素原子の置換反応を行いやすいという性質。

単結合，二重結合，三重結合の結合の強さを比較できる
数字はありますか？

結合の強さは，結合エネルギーによって比較できるんだ。また，結
合距離（原子核間距離）が短いほど，その結合は強いといえる。次の
表をみてみよう。

表をみると，単
（σ）結合の結合エ
ネルギー 350〔kJ/
mol〕に対して，2
本目の結合（π結合）
を行うことによる上
積みは 610 − 350 =

■炭素—炭素間結合の強さの比較

結合	結合エネルギー〔kJ/mol〕	結合距離（＝原子間距離）〔nm〕*1
C−C	350	0.15
C＝C	610	0.13
C≡C	830	0.12

C———C

原子核間の
距離のこと

260〔kJ/mol〕，3本目の結合（π結合）のそれは 830 − 610 = 220
〔kJ/mol〕*2 だ。これらの数値を使って大雑把に比較すると，「**π結
合の強さは，σ結合の2/3**」くらいであるとわかる。

＊1：nmは「ナノメートル」とよむ。1 nm = 10^{-7}cm = 10^{-9}m
＊2：260よりも低下するのは，2組（縦方向と横方向）のπ電子どうしが反発
　　して収縮し，重なりが小さくなるためと推測される。

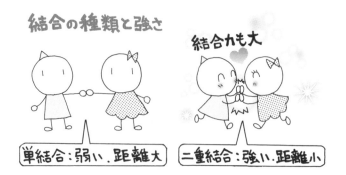

結合の種類と強さ

結合力も大

単結合：弱い，距離大　　二重結合：強い，距離小

混成軌道の種類を区別する方法

その原子が何個の原子と結合しているか（＝配位数）

2個	3個	4個

sp混成　　　　sp²混成　　　　sp³混成

●の部分でとなりの原子と結合する

例題1 ┃ 混成軌道

次の分子中の炭素原子❶～❻は，各々どの混成軌道をとっているかを答え，分子構造を**例➡**にならって記せ。

H−C❶=C❷=C❸−C❹≡C❺−H
　　H　　Cl−C❻−H
　　　　　　H

例➡

分子構造の例

◀は紙面の手前に，
⫶⋯は紙面の奥に伸びる結合

解答　sp混成軌道：❷，❹，❺
　　　　（2原子と結合している）
　　　　sp²混成軌道：❶，❸
　　　　（3原子と結合している）
　　　　sp³混成軌道：❻
　　　　（4原子と結合している）

H−C❶=C❷−C❸−C❹≡C❺−H
（分子構造図）

順不同

　1つの環に$4n+2$個（nは0または自然数）のπ電子がつながった環を持つ物質は，芳香族性をしめす。以下の炭化水素やそのイオンのうちうち，芳香族性を示すものをすべて選べ。ただし，単結合のみをもつ炭素原子のうち，1価の陽イオンになっている原子は0個のπ電子を，1価の陰イオンになっている原子は2個のπ電子を供与しながら，π電子雲をつなぐことができる。

❶ シクロプロペニル
カチオン

❷ シクロブタジエン

❸ シクロペンタジエニル
カチオン

❹ シクロペンタジエニル
アニオン

❺ シクロオクタテトラエン

解答　❶，❹

解説　環を構成する炭素原子がもつπ電子の合計を数えると，❶は2個（$4n+2$の$n=0$），❷と❸は4個，❹は6個（$n=1$），❺は8個である。

③ 量子化学の概要 🎓

　電子などの微粒子を対象とする力学を量子力学という。「電子の運動方程式」として用いられるのはシュレーディンガーの波動方程式だ。これを使って分子の性質を明らかにする学問を量子化学という。

　ここでは化学の最難解分野の1つである「量子化学の基礎」をあつかおう。

1 ｜ 原子軌道（原子の電子軌道）

1．シュレーディンガーの波動方程式

　波動方程式とは，波をうって運動する物体に，ニュートンの運動方程式を適用して導かれるものだ。

```
━━●シュレーディンガーの波動方程式━━

           波動関数（ギリシャ文字「プサイ」）

                $H\Psi = E\Psi$

    ハミルトン演算子    原子内部のエネルギー
```

　EとΨは，xやyと同様に変数を表す記号だ。Eは原子内部のエネルギー[*1]を，Ψは波動関数[*2]を表す。Hはハミルトン演算子とよばれる演算子（計算のやり方を指定するもの）で，複雑な式で表されるものをひとまとめにしている。特殊な事情（不確定性原理）により，「辺々Ψを消去して$H = E$」とすることはできない。

　波動関数Ψを2乗した値（Ψ^2）は電子密度を表す。つまり，波動

*1：❶ 電子の運動，❷ 原子核と電子の引力，❸ 電子どうしの反発，❹ 原子核間の反発に基づくエネルギーの合計。

*2：波動関数Ψ（小文字はψ）は虚数を含み，その意味は考えにくいが，強引にたとえるのなら，電子の波の振幅のようなものを表す。

方程式を解き，$|\Psi|^2$ を算出すれば，原子や分子のどの位置にどれだけの確率で電子が存在するかがわかるんだ。

2．水素原子の波動関数

水素原子については，変数が少ないため，波動方程式が厳密に解かれている。主量子数（K，L，M，…殻の別を表す数値）を1として（つまり1s軌道について）解いたときの $|\Psi|^2$（電子密度）は左下の図に示すとおりだ。この電子密度（存在確率）は，ある「点」における電子密度だから，球の表面積（$4\pi r^2$）をかけて，**球面上での存在確率**（動径分布関数という）を出すと右下の図のようになる。

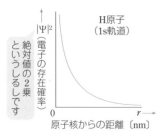

●点における電子の存在確率

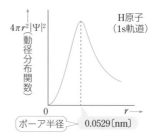

●球表面における電子の存在確率

点における存在確率と，球面における存在確率のちがいがわかりません

次の頁のイラストをみてみよう。原子核をステージ，電子を観客にたとえると，混み具合はステージに近い1列目が最大だが，収容人数はステージから離れた列のほうが多い。このため，1人の観客（電子）としてどこかに座っている友達がみつかる確率は，2列目（上の図「球表面における電子の存在確率」の0.0529nmに対応）で最大になる。この「列における存在確率」が，上述の「球面上での存在確率（＝動径分布関数）」のことだ。

この図から，水素原子の電子は，原子核から0.0529nm（ナノメーター）の球面上にいちばん多く分布することがわかる。この0.0529nm

112

動径分布関数

3列目：9席に1人（がらがら）………………
　この列に友達がいる確率：1/5

2列目：4席に3人（少し空き）………………
　この列に友達がいる確率：3/5

1列目：1席に1人（密集）………………
　この列に友達がいる確率：1/5

どこにいるかな？
ステージ

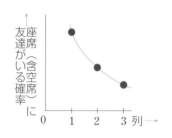

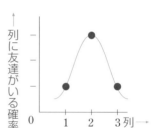

　こそが，ボーアが古典力学的計算から求めたボーア半径だ（⇒P.15）。つまり，量子力学的考察の結果と，古典力学的考察の結果が一致するんだ。

　無論，量子力学を使えばもっといろいろなことがわかる。前頁に示した「球表面における電子の存在確率」のグラフをもとに，「**この中に90％の確率で電子が存在する**」という境界線をひいた図が，P.28の「**副殻軌道（オービタル）の形**」という図の中の1s軌道だ（右の図）。同様の解き方で，P.28の図の他のp，d，f軌道などの電子軌道の形も解明することができたんだ。

●s 軌 道

2 ｜ 分子軌道（分子の電子軌道）

1．量子力学的考察でわかること

　波動方程式が正確に解けるのは水素原子だけだ。だったら，正確には解けない分子を量子力学で考えることは無駄なのだろうか？

これは，不老不死という究極の目標に近づこうとして発展している医学，薬学と似ている。目標そのものを達成することよりも，その過程でいろいろなことがわかるところに学問の意味があるんだ。

分子を波動方程式で完全に解くという究極の目標に近づくために，近似や測定値を用いて波動方程式の各項を求めていくと*，今までわからなかった分子の詳細な性質や構造がわかってくる。

＊：分子の波動関数Ψを直接波動方程式で求めようとする方法をMO法（分子軌道法）という。これに対し，混成軌道のように，分子中の電子もあくまで結合前の個々の原子に属しているのだという考え方から出発する方法はAO法（原子軌道法）という。量子化学でいちばん実用的とされる方法は，**波動関数Ψを，結合前の原子の波動関数で表しておいて，分子軌道法で解くLCAO　MO法**だ。

2．結合性軌道と反結合性軌道

電子軌道の，波動関数Ψが正の値の部分を＋の位相，負の値の部分を－の位相という。これは電荷ではない。強引にたとえるなら「波の向き」だ（➡次頁のイラスト）。波の向きが同じものどうし（同位相）で重なると，波どうしが強めあう。逆位相どうしが重なると弱めあう。

２つの原子の**電子軌道が**同位相**で重なると**，２原子の中間で電子の波は強めあい，**電子密度が増大するから**共有結合**ができる**。このときの分子軌道を「結合性軌道」という。

＋位相どうしまたは－位相どうし

結合性軌道

H原子　　　H原子

原子核…共有電子対…原子核
H_2分子

●同位相が接近したとき（例：H_2）

一方，逆の位相がであったときは２原子間で電子の波は消滅してしまい，**共有結合は形成されない**。これを「反結合性軌道」という。

+位相

－位相

反結合性軌道

H原子　　　H原子　　　　　共有結合はできない

●逆位相が接近したとき（例：H₂）

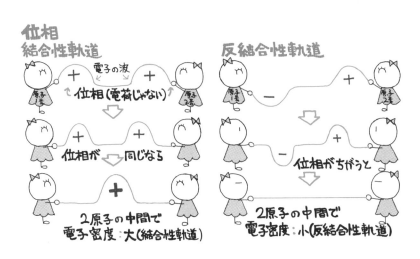

位相

結合性軌道

電子の波

位相（電荷じゃない）

位相が　同じなら

2原子の中間で
電子密度：大(結合性軌道)

反結合性軌道

位相がちがうと

2原子の中間で
電子密度：小(反結合性軌道)

3. 分子軌道中の電子の状態

結合性軌道は，もとの原子軌道よりも安定でエネルギーが低いが，反結合性軌道は**不安定**なので，エネルギーがかなり高くなる。電子はエネルギーの低い軌道から入っていくから，水素分子の分子軌道の電子の状態は右の図のようになる。

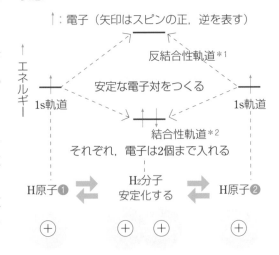

↑：電子（矢印はスピンの正，逆を表す）

反結合性軌道*1

安定な電子対をつくる

エネルギー

1s軌道　　　　　　　　　　　　　　　1s軌道

結合性軌道*2

それぞれ，電子は2個まで入れる

H原子❶　⇄　H₂分子 安定化する　⇄　H原子❷

●H₂分子の電子の状態

＊1：この軌道のように，電子が入っていない軌道のうち，エネルギーがいちばん小さい軌道を「**LUMO**」という。

＊2：この軌道のように，電子が入っている軌道のうち，エネルギーがいちばん大きい軌道を「**HOMO**」という。

上の図をみると，H原子2原子よりもH₂1分子のほうが，**電子のエネルギーの合計値が小さくなり安定化している**。よって，H₂分子というのはできやすいものだと証明できるんだ。

次は，He₂という分子ができうるかどうかを考えよう。He₂では，反結合性軌道にも電子が入る（右の図）。

反結合性軌道の**エネルギー増大幅は，**結合性軌道のエネルギー減少幅より大きいので，He₂分子1個のエネルギーは，He原子2個のエネル

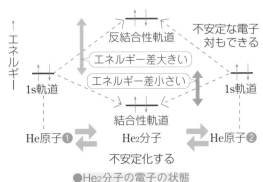

エネルギー

反結合性軌道　　不安定な電子対もできる

エネルギー差大きい

エネルギー差小さい

1s軌道　　　　　　　　　　　　　　　1s軌道

結合性軌道

He原子❶　⇄　He₂分子 不安定化する　⇄　He原子❷

●He₂分子の電子の状態

ギーより大きくなる（＝不安定化する）。したがってHe₂なる分子はできにくい。これが，He₂が存在しないことの量子化学的な説明だ。

この考え方を発展させていけば，まったく未知の系統の化合物がどの程度できやすいかを正確に予測できる。

４．結合距離と分子のエネルギー

３．で考えた分子のエネルギーとは，原子核間距離（結合距離）を一定にしたときだ。次に，原子核間距離を変えると分子のエネルギーはどう変わるのかをみてみよう。いろいろな要因を考えて*波動方程式のエネルギー E の項を算出すると，次の図のようになる。

*：❶ ＋，－電荷の引力，反発力によるエネルギー変化（クーロン積分という），❷ 電子軌道が結びついて一部重なることによるエネルギー変化（重なり積分という），❸ 電子軌道が結びついて，電子が相手の原子のまわりも回れるようになったためのエネルギー変化（交換積分という）の３つの要因を考えるが，共有結合時のエネルギー低下に最も貢献するのは❸の交換積分だ。

図をみると，結合性軌道に電子が入り，分子が最も安定化するのは，青線のグラフの縦軸の値が極小になるところだ。このときのエネルギーの下がり幅からH—H結合の結合エネルギー（結合の強さを表す値）がわかる。一方，横軸からは原子核間距離が0.074nmとよみとれる。

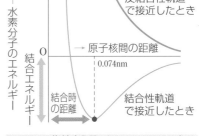

●モース曲線（分子ポテンシャルエネルギー曲線）

近似計算による解であるため実測値と多少ずれているが，この考え方を発展させていけば，まったく未知の系統の分子がどんな構造をもっているのか，反応でどれだけの熱が出入りするのかを正確に予測できる。

波動方程式からわかる分子の性質

シュレーディンガーの波動方程式

電子の状態がわかる

結合性軌道と
反結合性軌道

分子の安定度がわかる

分子のエネルギーがわかる

モース曲線
(分子ポテンシャルエネルギー曲線)

分子の構造や反応式がわかる

例題 1 ▌ 分子軌道中の電子の状態⑴

　以下に，O（酸素）原子2原子からO_2分子ができるときのエネルギー準位図を示す。フントの規則とパウリの排他原理（⇒ P.32）をもとに，O_2分子の電子状態を，原子にならってかきこめ。

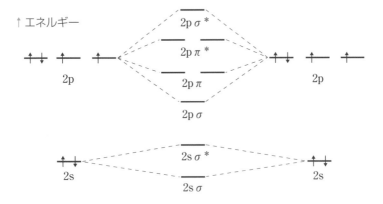

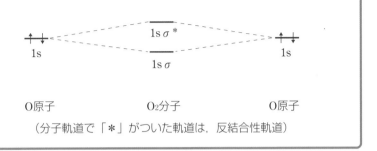

（分子軌道で「＊」がついた軌道は，反結合性軌道）

解答

$$\overline{} \quad 2p\,\sigma\,^* \boxed{LUMO}$$
$$\uparrow\!\!\!\!\overline{} \quad \uparrow\!\!\!\!\overline{} \quad 2p\,\pi\,^* \boxed{HOMO}$$
$$\uparrow\!\!\!\downarrow \quad \uparrow\!\!\!\downarrow \quad 2p\,\pi$$
$$\uparrow\!\!\!\downarrow \quad 2p\,\sigma$$
$$\uparrow\!\!\!\downarrow \quad 2s\,\sigma\,^*$$
$$\uparrow\!\!\!\downarrow \quad 2s\,\sigma$$
$$\uparrow\!\!\!\downarrow \quad 1s\,\sigma\,^*$$
$$\uparrow\!\!\!\downarrow \quad 1s\,\sigma$$

解説 O_2 分子の電子16個を，エネルギーの小さい分子軌道から順に満たす。ただし，$2p\,\pi$ のように同じエネルギー準位の軌道が複数あるときは，まずフントの規則に従って電子を1

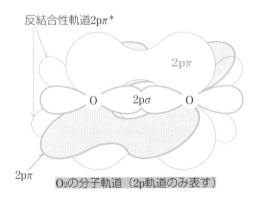

反結合性軌道 $2p\pi^*$

O_2 の分子軌道（2p軌道のみ表す）

個ずつ入れて $\uparrow\!\!\!\!\overline{}\ \uparrow\!\!\!\!\overline{}\ 2p\,\pi$ とし，次に2個目の電子を逆スピン（パウリの排他原理）で入れていき $\uparrow\!\!\!\downarrow\ \uparrow\!\!\!\downarrow\ 2p\,\pi$ とする。ここまでで14個入った。残り2個を $2p\,\pi^*$ に1個ずつ入れればできあがりだ。

例題1 の結果から考えると，O_2分子には不対電子が何個あるか。

例題2 ▌ 分子軌道中の電子の状態(2)

解答 2〔個〕

解説 $2p\pi^*$の2個だ。VB法だと，電子式 $:\ddot{O}::\ddot{O}:$ とかいて「不対電子なし」となってしまうが，現実のO_2分子にはちゃんと不対電子が2個ある。量子化学的予測のほうが正しい。

例題3 ▌ 結合次数

結合次数は，

$$\frac{結合性軌道の電子数 - 反結合性軌道の電子数}{2}$$

で求められる。O_2分子の結合次数を求めよ。

解答 2

解説 完成したエネルギー準位図より，結合性軌道に10個，反結合性軌道に6個の電子があるとわかるから，

$$\frac{(10-6)}{2} = 2$$

結合次数とは，単（一重）結合，二重結合，三重結合の「一」「二」「三」のことだ。つまり，酸素分子内の共有結合は二重結合だとわかった。これは電子式（VB法）から求めた結果と一致する。

同様に，O_2より1個電子が少ないNO（一酸化窒素）は不対電子1個で結合次数2.5（2.5重結合），O_2より電子が2個少ないCO（一酸化炭素）は，不対電子はなく結合次数は3（三重結合）とわかる。これらは事実と一致する。

第2章

物 質 量

―粒子の個数から化学を語る―

物質量を用いる計算

0 質量保存の法則

　18世紀の終わりまでは,「ものが燃える（＝化学反応する）と, フロギストンという粒子が消滅する」と信じられていた。これを打ち破ったのがラボアジェの質量保存則であることは有名だが, 質量はなぜ保存されるのだろうか。

　それは, 化学反応の前後で原子の個数が変わらないからだ。個数というのは, 温度や圧力などの外的要因に左右されない普遍的な数値なんだ。したがって,

　　　　「反応前の原子の数＝反応後の原子の数」

などと原子, 分子の数に着目した方程式をたてれば, 未知なる数値を算出することができる。

「第1講」では,「物質量（mol・モル）」という数え方で原子, 分子を数えてみよう。目にみえない原子, 分子を数えるためには, さまざまな計算が必要になる。いわゆる「モル計算」といわれる化学の基本的な計算ができるようにしよう。

物質量（モル）と原子量

　もしキミが，段ボール箱いっぱいにつまった鉛筆を渡されて，「何ダースあるか調べなさい」といわれたら，どうやって調べるだろうか。わざわざ1本ずつ数えるだろうか？

　たとえば重さが測れるのなら，鉛筆の総質量と，1本の質量とを測り，本数経由でダースを算出するという手がある。原子でこれをやるのなら，「本数」を原子の「個数」に変え，「1ダースの個数12」を「1 mol の個数6.0×10^{23}（アボガドロ定数）」に変えればいい。

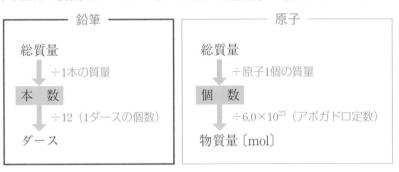

　もっと速い方法がある。総質量を1ダースの質量で割れば，一発でダースが出る。これを原子でやるのなら，「1ダースの質量」を「モル質量」に変えればいい。**モル質量の数値＝原子量**だ。

　本節では，モルの算出法をあつかおう。化学の計算は，物質量〔mol〕を経由するのが基本なんだ。

1 | 原 子 量

　原子量とは，原子「1個」の質量を，1〜数百のわかりやすい数字に直したもの（相対質量）だ。*

*：現在は，質量数12の C 原子が正確に **12** として決められている。化学では通常，同位体の原子量（同位体原子質量）の平均値を使う。

わかりにくい 数値 をわかりやすくしたのが原子量

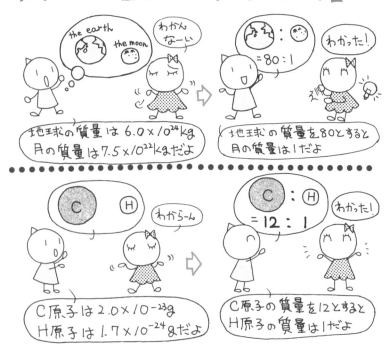

2 | 物 質 量 （mol・モル）

　原子の相対質量である原子量がわかれば，異種原子の個数の比も測定できる。質量で「原子量〔g〕」ずつ測りとれば，原子を同数ずつ用意したことになる。そこで，「原子量〔g〕」とったときの原子の個数をひとまとめに「1 mol」と数えるんだ。物質量（mol）は，鉛筆のダースなどと同様に，個数の単位だ。

3 | アボガドロ定数

「原子量〔g〕」とったときの原子の個数をアボガドロ定数という。その値は $6.0 \times 10^{23}/\text{mol}$（正確には $6.022\cdots \times 10^{23}/\text{mol}$）だ。現在ではアボガドロ定数が正確に測定されており，物質量（mol）の正確な基準とされている。

4 | 物質量の算出

物質量〔mol，モル〕を出したいのなら，質量，個数，気体の体積などの数値を，それぞれの 1 mol あたりの数値で割ればいい。

❶ 質量と物質量の関係式

$$\frac{\text{質量〔g〕}}{\text{モル質量〔g/mol〕}} = \text{物質量〔mol〕} \quad \cdots\cdots(1)$$

❷ 個数と物質量の関係式

$$\frac{\text{個数}}{\text{アボガドロ定数〔/mol〕}} = \text{物質量〔mol〕} \quad \cdots\cdots(2)$$

❸ 気体の体積と物質量の関係式

$$\frac{\text{気体の体積〔L〕}}{\text{モル体積〔L/mol〕}} = \text{物質量〔mol〕} \quad \cdots\cdots(3)$$

次に，この 3 つの式を計算図の形にまとめてみよう。

まとめ　基本的なモル計算

〈計算図〉

❶ 質　量〔g〕	❷ 個　数	❸ 気体の体積〔L〕
÷モル質量 〔g/mol〕	÷アボガドロ定数 〔/mol〕	÷モル体積 〔L/mol〕

物質量〔mol〕

モル質量＝原子量の数値
モル体積：標準状態（0℃，1気圧0.101MPa）で，22.4L/mol
分子は，分子式における原子量の合計（分子量）
イオン結晶は，組成式における原子量の合計（式量）を使う

例1→

目的……………質量〔g〕から物質量〔mol〕をだしたい
計算図上の操作…❶を下向きにたどる
たてる式………質量÷モル質量＝物質量

例2→

目的……………物質量〔mol〕から個数をだしたい
計算図上の操作…❷を上向きにたどる
たてる式………物質量×アボガドロ定数＝個数
　　　　　　　　（逆向きにたどるときは，÷と×を入れかえる）

例3→

目的……………個数から気体の体積をだしたい
計算図上の操作…❷ 下向き×❸ 上向き
たてる式………個数÷アボガドロ定数×モル体積＝体積
　　　　　　　　（多段階の計算でも，順にたどっていけばいい）

《参考》 有効数字

有効数字：計算上信頼のおける数字

　　15以上25未満を表す数値（有効数字2桁）
　　　　　　信頼できる数（有効数字）

例➡ $\dfrac{20}{3.0}$ = 6.6666 （　が有効数字）

　　　　　　信頼できない数（有効数字ではない）

　　2.5以上3.5未満を表す数値（有効数字2桁）

表記法 （　の数字が有効数字）

数値	有効数字	有効数字2桁で表すと…
0.02	1桁	0.020 または 2.0×10^{-2}
200	3桁	2.0×10^{2}

0.02 → 数字の前の「0」は位どりの0であり，有効数字ではない

200 → 数字の後の「0」は有効数字

途中計算

　もとの数値の有効数字，または指定された桁数よりも1桁多く算出し，以下の桁は切り捨てる。最後に四捨五入で答えとする。

例➡ $2.8 \div 3.7 \div 1.9$

$\dfrac{2.8}{3.7}$ = 0.756 （切り捨て） $\dfrac{0.756}{1.9}$ = 0.397 （四捨五入）

（答）0.40

有効数字

いいかげんだなぁ…

だいたい1時間かかるね

有効数字1桁

そんな正確に着くの…?

53分25秒で着くでしょう

有効数字4桁

原子量を H＝1.0, He＝4.0, C＝12, O＝16, Al＝27, S＝32, アボガドロ定数を 6.0×10^{23}/mol, 標準状態（ 0 ℃, 0.101MPa）の気体のモル体積を22.4L/molとして以下の問いに答えよ。

例題 1 ▎ **モル計算(1)**

(1) ダイヤモンドは炭素（C）の共有結合結晶である。0.60 g（3カラット）のダイヤモンドは炭素原子何モルを含むか, その炭素原子は何個か。
(2) アルミニウム原子（Al） 1 個の質量は何 g か。
(3) 標準状態の気体ヘリウム（He）56L は何個の原子を含むか。

解答 (1) 0.050〔mol〕, 3.0×10^{22}〔個〕　　(2) 4.5×10^{-23}〔g〕
(3) 1.5×10^{24}〔個〕

解説 (1) mol：「まとめ」の計算図の❶を下にたどれば算出できる。

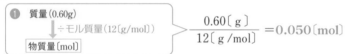

❶ 質量(0.60g)
　↓÷モル質量(12〔g/mol〕)
　物質量〔mol〕
$$\frac{0.60〔g〕}{12〔g/mol〕}=0.050〔mol〕$$

個数：さらに「まとめ」計算図の❷を逆向きにたどればいい。逆にたどるときは×と÷を入れ替えればよい。

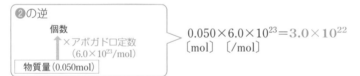

❷の逆
　個数
　↑×アボガドロ定数
　　（6.0×10^{23}/mol）
　物質量(0.050mol)
$$0.050 \times 6.0 \times 10^{23}=3.0 \times 10^{22}$$
〔mol〕〔/mol〕

質量からモル, 個数を算出

原子量で割る　アボガドロ定数をかける　私のじゃないのね…

(0.6g)
3カラットのダイヤだよ　　C原子0.05molだよ　　原子3.0×10²³個だよ

(2) 計算図の「個数」から「質量」までたどればいいのだから、式を「個数÷アボガドロ定数×原子量」と組めばいい。

計算図の❷ ―┐　　　　　┌― ❶の逆

$$\frac{1}{6.0 \times 10^{23}\,[\text{/mol}]} \times 27\,[\text{g/mol}] = 4.5 \times 10^{-23}\,[\text{g}]$$

　　　　　↑　　　　　　↑
　計算図の❷　　　❶の逆

(3) 計算図の「気体の体積」から「個数」へとたどればいいから、式を「気体の体積÷モル体積×アボガドロ定数」と組めばいい。

$$\frac{56\,[\text{L}]}{22.4\,[\text{L/mol}]} \times 6.0 \times 10^{23}\,[\text{/mol}] = 1.5 \times 10^{24}$$

　　　　↑　　　　　　↑
　計算図の❸　　　❷の逆

例題2 ▌モル計算(2)

分子のモル質量は、原子量の合計値（＝分子量）に一致する。

(1) 標準状態の酸素（O_2）12 g は何Lか。

(2) 標準状態の二酸化炭素（CO_2）2.8 L 中に酸素原子は何モルあるか。

(3) 斜方硫黄（S_8）4.0 g には、何個の硫黄（S）原子が含まれるか。

解答 (1) 8.4〔L〕　　(2) 0.25〔mol〕　　(3) 7.5×10^{22}〔個〕

解説 (1) O_2のモル質量＝分子量は $16 \times 2 = 32$ だから、

$$\frac{12\,[\text{g}]}{32\,[\text{g/mol}]} \times 22.4\,[\text{L/mol}] = 8.4\,[\text{L}]$$

　　　　↑　　　　　　↑
　計算図の❶　　　❸の逆

(2) CO_2 1分子には、O原子2個が含まれる。つまり、CO_2 1 mol には、O原子 2 mol が含まれる。

$$\frac{2.8 \; (L)}{22.4 \; (L/mol)} \times 2 = 0.25 (mol)$$

計算図の❸ $\uparrow$ $\qquad$ $\underset{CO_2分子 (mol) \longrightarrow O原子 (mol)}{\uparrow}$

(3) いったん S_8 の分子量 32×8 を使って S_8 分子 4.0g の mol を求め，それを8倍する。

$$\frac{4.0 \; (g)}{32 \times 8 \; (g/mol)} \times 8 \times 6.0 \times 10^{23} = 7.5 \times 10^{22}$$

計算図の❶ $\uparrow$ $\qquad$ $\underset{S_8分子 (mol) \longrightarrow S原子 (mol)}{\underset{(/mol)}{\uparrow}}$

けっきょく×8は消え，S_8 分子の質量を直接Sの原子量で割ればいいことになる。「S_8 分子の質量＝S原子の質量」だからだ。

例題3 ▌ 反応に必要な気体の体積

イオン結晶のモル質量は，組成式の原子量を合計したもの（＝式量）に一致する。酸化アルミニウム（Al_2O_3）を 0.40mol つくるためには，アルミニウム（Al）何gと，標準状態の酸素（O_2）何 L が必要か。反応は完全に進行するものと考え，有効数字2桁で答えよ。

解答 Al：22 〔g〕，O_2：13 〔L〕

解説 Al_2O_3 0.40mol中には，Al原子 0.80molとO原子1.2molが含まれるから，

Al 〔g〕：0.80 〔mol〕×27 〔g/mol〕＝21.6 〔g〕 **22g**

$\underset{有効数字3桁目まで算出}{}$ $\qquad$ $\underset{四捨五入}{}$

O_2 〔L〕：$1.2 \times \frac{1}{2} \times 22.4 = 13.4$ 〔L〕 **13L**

$\underset{O原子 (mol) \longrightarrow O_2分子 (mol)}{\uparrow}$

反応量の計算（係数比＝モル比）

　化学反応の前後では，原子の種類と物質量が変わらない。これをもとに化学反応式をかいて反応量，生成量を求めることができる。

　ここでは，いわゆる「係数比＝モル比」といわれる，「化学反応式を用いた計算」をあつかおう。化学反応式をかいて物質量を整理すれば，反応量，生成量は求められることがわかるだろう。

1 ｜ 化学反応式とは

1．化学反応式のかき方

手順❶　反応物質の化学式を左辺，生成物質を右辺にかく。[*1]

手順❷　左右辺の原子の種類と数が合うように係数をつける。[*2]

　例➡ 水素 H_2 と酸素 O_2 から水 H_2O ができる反応

　　手順❶　　H_2　$+$　O_2　$\longrightarrow$　　H_2O

　　手順❷　$2H_2$　$+$　O_2　$\longrightarrow$　$2H_2O$

2．反応量の計算の仕方

手順❶　反応式の下に，反応前の物質量を整理する。

手順❷　反応によって増減する量の比が係数比に一致することから，反応後の物質量を算出する。

《参考》　整理する量は，物質量に比例する量であれば何でもよい（同温・同圧での気体の体積，同温・同体積での気体の分圧，同体積でのモル濃度などのどれかに統一すればよい）。

＊１：化学式を並べる順番は自由だ（「$2H_2 + O_2 \longrightarrow$」でも「$O_2 + 2H_2 \longrightarrow$」でもいい）。一方，化学式中の元素記号をかく順番は決まっている（「H_2O」は，「OH_2」とはかかない）。ふつう陽性元素を前，陰性元素を後ろにかく。

＊２：じつは，複雑な反応式をかくときは酸・塩基，酸化・還元の知識が必要だ。陽子 H^+ や電子 e^- の授受数を合わせるようにかくんだ。

例➜ 同温・同圧での気体の体積

H₂ 4molとO₂ 3molを混合して反応させたとき

係数の1は省略する

	2H₂	+ (1)O₂	⟶	2H₂O	
手順❶ はじめ	4	3		0 〔mol〕	
手順❷ 増 減	−4	−2		+4 〔mol〕	係数比に一致
反応後	0	1		4 〔mol〕	

「反応後，H₂はなくなり，O₂は **1mol** 残り，H₂Oは **4mol** できる」とわかる。

過不足反応

男 + 女 → カップル

	男	女	カップル
はじめ	4	3	0
増減	−3	−3	+3
あと	1	0	3

まとめ 📌 反応前後の量関係を計算したいとき

反応式にモル比例量（物質量か，それに比例する量）を整理

⬇

反応，生成量（減少，増加量）の比が係数比に一致
（係数比＝モル比）

⬇

未知数を算出

例題1 ┃ 反応量の計算(1)

　鉄Fe 22.4 gを完全に燃焼させて，すべて酸化鉄（Ⅲ）Fe₂O₃に変えると，何gできるか。そのとき消費された酸素O₂は，標準状態で何Lか。有効数字2桁で求めよ。ただし，原子量をO＝16，Fe＝56，標準状態での気体のモル体積を22.4L/molとする。

解答　32〔g〕，6.7〔L〕

解説　はじめのFe 22.4 gは22.4/56＝0.40mol（P.126「まとめ」の計算図の❶）。「完全に燃焼」だから，O₂は十分多量にあったことになる。

	$4Fe$	＋	$3O_2$	⟶	$2Fe_2O_3$	
はじめ	0.40		多量		0	〔mol〕
増　減	−0.40		−0.30		＋0.20	〔mol〕
反応後	0		多量		0.20	〔mol〕

　　Fe₂O₃の生成量は0.20molだから，0.20×160＝**32**〔g〕

　　O₂は0.30mol消費されているから，0.30×22.4＝6.72〔L〕

　　四捨五入により有効数字2桁にすると，**6.7**〔L〕

例題2 ┃ 反応量の計算(2)

　ある気体の炭化水素（CとHだけからなる化合物）2.0Lを気体の酸素O₂ 10Lと混合して燃焼させると，炭化水素はなくなり，二酸化炭素CO₂と水H₂Oが生成した。ここから水を除くと，残りはすべて気体で体積は8.0Lだった。さらに二酸化炭素CO₂も除くと2.0Lになった。もとの炭化水素の分子式を求めよ。ただし，気体の体積はすべて同温・同圧で測定したものである。

解答　C_3H_4

解説　同温・同圧の気体の体積なら，物質量に比例するから反応式の下に直接整理できる。

　　反応式をかこう。炭化水素の分子式をC_aH_bとおくと，まず

　　　C_aH_b ＋ O_2 ⟶ CO_2 ＋ H_2O

　　これに係数をつける。まずC_aH_bの係数を1とおく。次に，右左辺の

C原子数をそろえるとCO_2の係数がa，同じくH原子数をそろえるとH_2Oの係数が$\dfrac{b}{2}$になる。最後にO原子数をそろえると，O_2の係数が$a+\dfrac{b}{4}$と決まる。

$$C_aH_b + \left(a+\dfrac{b}{4}\right)O_2 \longrightarrow aCO_2 + \dfrac{b}{2}H_2O$$

はじめ	2.0	10	0	0〔L〕
増　減	-2.0	$-2.0\times\left(a+\dfrac{b}{4}\right)$	$+2.0\times a$	$+2.0\times\dfrac{b}{2}$〔L〕
反応後	0	$10-2.0\times\left(a+\dfrac{b}{4}\right)$	$2.0\times a$	$2.0\times\dfrac{b}{2}$〔L〕

$$10-2.0\times\left(a+\dfrac{b}{4}\right)+2.0\times a=8.0\text{〔L〕}\cdots\cdots(1)$$

$$10-2.0\times\left(a+\dfrac{b}{4}\right)=2.0\text{〔L〕}\qquad\cdots\cdots(2)$$

(1)，(2)より，　$a=3$，$b=4$　　C_3H_4

📎 **例題3** ▌ **反応量の計算(3)**
....

　CH$_4$ と CO の混合気体計 1.0mol を完全に燃焼させると，水 0.8mol が生じた。もとの CH$_4$ と CO のモル比を整数比で求めよ。

解答　$CH_4 : CO = 2 : 3$

解説　決して反応式を $CH_4 + CO + O_2 \longrightarrow 2CO_2 + 2H_2O$ とかいてはならない。係数比＝モル比より，CH_4 と CO が 1：1 のモル比で反応したと決めつけることになる。**反応式は分けてかこう。**

$$CH_4 + 2O_2 \longrightarrow CO_2 + 2H_2O \qquad 2CO + O_2 \longrightarrow 2CO_2$$

H_2O は CH_4 からしか発生しないから，はじめの CH_4 の物質量を x〔mol〕とおくと，CO は $1-x$〔mol〕だから，

　　　反応CH_4：生成$H_2O = x : 0.8 = 1 : 2$, $x=0.4$

　　　　　　　　　　　mol比　　係数比

はじめに　$CH_4 : 0.4$〔mol〕，$CO : 1 - 0.4 = 0.6$〔mol〕，

モル比は　$CH_4 : CO = 0.4 : 0.6 = 2 : 3$

134

❸ 濃度の計算

　第一次大戦に敗れ，多額の賠償金を課せられたドイツでは，フリッツハーバーという化学者が，海水から金を採取することを提案した。

　当時は，海水に0.01％（100ppm）以上の濃度で金が含まれているという報告があったのだ。しかし，改めて調べてみると，海水中の金濃度はその約1000分の1の0.1ppm程度ということがわかり，分離作業にかかる費用のほうがよっぽど高くつくために計画は中止された。

　ここでは，溶液の濃度をあつかおう。通常の化学実験では，物質を溶液の形でとりあつかうので，濃度の計算は非常に重要だ。

1 ┃ 成分の質量で含有量を表す濃度

1. 質量百分率濃度〔％〕

　溶液（＝混合物）100 g 中に含まれる溶質（＝成分）の g 数

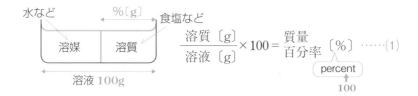

$$\frac{溶質〔g〕}{溶液〔g〕}×100 = 質量百分率〔％〕 \quad\cdots\cdots(1)$$

2. 質量百万分率濃度〔ppm〕

　溶液（＝混合物）10^6 g * 中に含まれる溶質（＝成分）の g 数

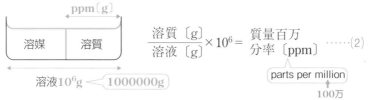

$$\frac{溶質〔g〕}{溶液〔g〕}×10^6 = 質量百万分率〔ppm〕 \quad\cdots\cdots(2)$$

＊：10^6g $= 10^3$kg $= 1$ t，10^6cm$^3 = 10^6$mL $= 10^3$dm$^3 = 10^3$L $= 1$ m^3
　　密度 1 g/cm^{3}の水は 1 g $= 1$ cm$^3 = 1$ mL，1 kg $= 1$ dm$^3 = 1$ L，1 t $= 1$ m^3

2 │ 成分の物質量で含有量を表す濃度

1．モル濃度〔mol/L〕

x〔mol/L〕：

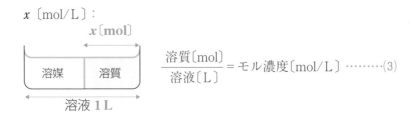

$$\frac{溶質〔mol〕}{溶液〔L〕} = モル濃度〔mol/L〕 \cdots\cdots(3)$$

2．質量モル濃度〔mol/kg〕

x〔mol/kg〕：

$$\frac{溶質〔mol〕}{溶媒〔kg〕} = 質量モル濃度〔mol/kg〕\cdots\cdots(4)$$

3．モル分率

モル分率 x：

$$\frac{溶質〔mol〕}{溶媒〔mol〕+溶質〔mol〕} = モル分率 \cdots\cdots(5)$$

3 │ 密　度

　一定体積あたりの質量。液体，固体は1cm³あたりの質量〔g /cm³〕，気体の場合は１Ｌあたりの質量〔g /L〕で表す場合が多い。

溶液の密度：

$$\frac{質量〔g〕}{体積〔cm^3〕} = 密度〔g/cm^3〕 \cdots\cdots\cdots (6)$$

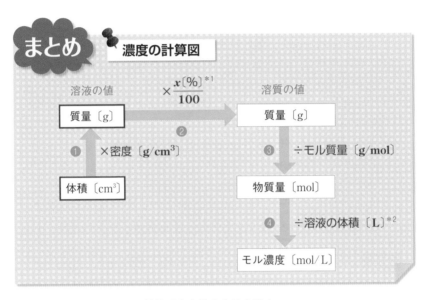

＊1：図に示したのはxに質量百分率濃度を使う場合。

ppm 質量百万分率濃度を使うときは，

$$\times\frac{ppm}{10^6}$$

溶液の質量〔g〕 $\longrightarrow$ 溶質の質量〔g〕

モル分率を使うときは，

× モル分率

溶液の全物質量〔mol〕 $\longrightarrow$ 溶質の物質量〔mol〕

とおきかえればいい。つまり，この計算図❷の部分は，「**全体量に，比の値をかけて，成分の値を出す**」という計算を表している。

＊2：「溶液の体積〔L〕」を「溶媒の質量〔kg〕」にかえれば「質量モル濃度〔mol/kg〕」が算出できる。

問いはすべて有効数字2桁で答えよ。

例題1 ▌濃度の算出

原子量はH＝1.0，C＝12，O＝16，Na＝23，Cl＝35.5
密度は水：1.0 g /cm³，エタノール：0.87 g /cm³
また，1 mL ＝ 1 cm³である。

(1) 水500gに食塩100gを溶かした溶液の質量%濃度はいくらか。

(2) ある工業排水に，カドミウム0.50ppm（質量百万分率）が含まれていた。この濃度で1日100m³の排水を流すと，1年間では何kgのカドミウムが放出されることになるか。

(3) 0.20mol/Lの食塩NaCl水溶液を300mLつくりたい。食塩NaClは何g必要か。

(4) グルコース$C_6H_{12}O_6$ 10gを水500gに溶かした。グルコースの濃度は何mol/kgか。

(5) 水H_2O 100mLとエタノールC_2H_6O 50mLとを混合させた溶液の，エタノールのモル分率はいくらか。混合後の溶液の体積が147mLだったとすると，その密度はいくらか。

解答 (1) 17 〔%〕 (2) 18 〔kg〕 (3) 3.5 〔g〕
(4) 0.11 〔mol/kg〕 (5) モル分率0.15，密度0.98 〔g /cm³〕

解説 ここで使う計算図はP.137の「濃度の計算図」，式番号はP.135，136のものである。

(1) 式(1)を使うと，　$\dfrac{100}{500+100} \times 100 = 16.6$ 〔%〕

または計算図の❷を使うと，

$$(500 + 100) \times \frac{x〔\%〕}{100} = 100 \quad x = 16.6 \quad \Rightarrow \quad 17\%$$

(2) 1 m³＝10⁶cm³（1m³は一辺100cmの立方体）だから，式(2)を使うと，カドミウムの質量をx〔kg〕として，

$$\frac{x \times 10^3 〔g〕}{100 \times 365 \times 10^6 〔g〕} \times 10^6 = 0.5 \quad x = 18.25$$

または計算図の❷を応用すると，

$$100 \times 365 \times 10^6 \times \frac{0.5}{10^6} = 1.82 \times 10^4 \ (g) \quad \Rightarrow \quad 18kg$$

(3) 計算図を❹の逆→❸の逆とたどる。

$$0.20 \times \underset{\text{(mol/L)}}{\underset{\text{❹の逆}}{\underline{\underbrace{\frac{300}{1000}}}}} \times \underset{\text{(g/mol)}}{\underset{\text{❸の逆}}{\underline{58.5}}} = 3.51 \ (g) \quad \Rightarrow \quad 3.5g$$

(4) 計算図の❹を「÷溶媒の質量〔kg〕」に換えて❸→❹とたどる。

$$\underset{\text{(mol)}}{\underset{❸}{\underline{\frac{10}{180}}}} \times \underset{\text{(1/kg)}}{\underset{❹}{\underline{\frac{1000}{500}}}} = 0.111 \ (mol/kg) \quad \Rightarrow \quad 0.11mol/kg$$

(5) 異種物質を混合する場合，質量は足した値になるが，体積はそうならない。水とエタノールを混合すると，各分子が互いのすき間に入りあい，体積は混合前の体積の和より小さくなる。

　　モル分率：混合前の各々の質量を計算図の❶で出し，そのまま❸に移して（混合前は濃度100％だから）モルに直し，式(5)に入れる。

$$\frac{\overset{\text{エタノールのモル数}}{50 \times 0.87 \div 46}}{\underset{\text{水のモル数}}{100 \times 1.0 \div 18} + \underset{\text{エタノールのモル数}}{50 \times 0.87 \div 46}} = 0.145 \quad \Rightarrow \quad \text{モル分率 } 0.15$$

　　混合後の密度（dとおく）：混合後の値を計算図の❶に入れる。

$$147 \times d = 100 \times 1.0 + 50 \times 0.87 \quad d = 0.976 \quad \Rightarrow \quad 0.98g/cm^3$$

原子量はH＝1.0，N＝14，S＝32，Cl＝35.5

(1) 濃アンモニア水（NH₃水溶液）は，密度0.90ｇ/cm³，質量％濃度は28％である。モル濃度に直すと何mol/Lか。

(2) 濃塩酸（HCl水溶液）は，密度1.15ｇ/cm³，質量％濃度は35％である。質量モル濃度に直すと何mol/kgか。

解答 (1) 15〔mol/L〕 (2) 15〔mol/kg〕

解説 (1) 同じ溶液なら，何Lとろうと濃度は同じだから，溶液の体積を1L（1000mL）とおき，計算図を❶→❷→❸とたどる。

$$1000 \times 0.90 \times \frac{28}{100} \times \frac{1}{17} = 14.8 \quad \Rightarrow \quad 15\text{mol/L}$$

❶ ❷ ❸

(2) 今度は溶液100ｇとおこう。質量％濃度よりHCl 35ｇ，水65ｇだから，計算図を❸→❹の応用とたどる。

$$\frac{35}{36.5} \times \frac{1000}{65} = 14.7 \quad \Rightarrow \quad 15\text{mol/kg}$$

❸ ❹の応用

140

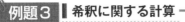

例題3 ▌希釈に関する計算

(1) 30%食塩水150gを水で薄めて9.0%食塩水をつくりたい。水を何g加えればよいか。

(2) 密度1.8g/cm³の96%濃硫酸(H_2SO_4水溶液)を水で薄めて，0.50mol/L希硫酸を400mLつくりたい。濃硫酸は何mL必要か。

(3) 5.0mol/Lの水酸化ナトリウム(NaOH)水溶液10mLを水で薄めて0.20mol/Lにするには，全量を何mLにすればよいか。

解答 (1) 3.5×10^2 〔g〕 (2) 11 〔mL〕 (3) 2.5×10 〔mL〕

解説 水を加えて薄めても，溶質の量は変わらないことに着目する。

(1) 計算図の❷で，希釈前と後の溶質量〔g〕を出し，等式で結ぶ。

$$150 \times \frac{30}{100} = (150+x) \times \frac{9.0}{100} \qquad x=350 \quad \Rightarrow \quad 3.5 \times 10^2 \text{g}$$

(2) 希釈前の溶質H_2SO_4の質量〔g〕を計算図の❶→❷で，希釈後のH_2SO_4〔g〕を計算図の❹の逆→❸の逆で算出し，等式で結ぶ。

$$x \times 1.8 \times \frac{96}{100} = 0.50 \times \frac{400}{1000} \times 98 \qquad x=11.3 \quad \Rightarrow \quad 11 \text{mL}$$

(3) 計算図の❹の逆より溶質量〔mol〕を求め，等式でつなぐ。

希釈前〔mol/L〕×希釈前〔L〕＝希釈後〔mol/L〕×希釈後〔L〕

上式より，体積をx倍に薄めれば，モル濃度は$1/x$倍になる。今は，モル濃度を5.0から0.20へ1/25倍にしたいのだから，体積を25倍すればよい。 $10 \times 25 = 250$ ⇒ $2.5 \times 10 \text{mL}$

薄めても溶質の量は変わらない

例題4 ▎混合に関する計算

(1) 10％エタノール水溶液100gに，60％エタノール水溶液を加えて，25％エタノール水溶液をつくりたい。60％エタノール水溶液は何g加えればよいか。

(2) 2.0mol/L硫酸（Aとおく）と，密度1.4g/cm³の49％硫酸（Bとおく）を混合して，5.0mol/L硫酸をつくりたい。AとBを何対何の体積比で混合すればよいか（物質の前に「希」,「濃」，濃度の値などがついたら，水溶液の意味になる）。

解答 (1) 43〔g〕　　(2) A：B＝2.0：3.0

解説 溶液を混合すると溶液量が変わるから，濃度の足し引きはできない。足し引きできる値は，**保存の法則が成り立つ質量，物質量，エネルギーと，それに比例するもの**だ。(1)は溶質〔g〕,(2)は溶質〔mol〕に直して足しあわせ，混合後の溶質量と等号でつなごう。

(1) 計算図❷より, $100 \times \dfrac{10}{100} + x \times \dfrac{60}{100} = (100+x) \times \dfrac{25}{100}$

$$x=42.8 \quad \Rightarrow \quad 43g$$

(2) 2.0mol/L硫酸を1.0mL，49％硫酸を x mL混合するとおく。

$$2.0 \times \frac{1.0}{1000} + x \times 1.4 \times \frac{49}{100} \times \frac{1}{98} = 5.0 \times \frac{1.0+x}{1000}$$

❹の逆　　❶　　❷　　❸　　　　❹の逆

$$x = 1.5 \quad \Rightarrow \quad A：B = (1.0：1.5=)\ 2.0：3.0$$

溶液量が変わると，濃度は足せない。

2つ混ぜれば100％？

混ぜると溶液が200gになるよ。$\dfrac{(30+70)\,g}{200g} \times 100$ で50％だよ。

第3章

エネルギー

—エネルギーから化学を語る—

第1講 化学反応とエネルギー

0 自然な変化と不自然な変化

　化学反応とは，化学結合の切断，形成のことだ。化学結合はなぜできるのだろう。それは，結合することによって，エネルギーの小さい安定な状態になるからだ。

　では，なぜエネルギーが小さいものは安定なのだろう？　それは，変化を起こす能力（＝エネルギー）が小さくなって，何もできなくなったからだ。安定というと聞こえはよいが，じつは変化を起こす能力を失った状態なんだ。

　棚の上のボールがひとりでに床に落ちてくることはあっても，床の上のボールがひとりでに棚の上に登ることはない。床に落ちたボールは，位置エネルギーを失った安定な状態で，もうそれ以上変化を起こす能力をもたないのである。

　化学反応でも，エネルギーを放出する発熱反応は自然に起こることが多い。逆に，エネルギーを吸収する吸熱反応は，外部から熱を与えてやらないと起こらない。

　「第1講」では，化学反応に際する**エネルギーの出入り**をあつかおう。反応熱を知ることは，反応がどんな条件でどれだけ進行するのかを予測するのに役立つ。

①- 熱 化 学

　「食糧を，さもなくば兵隊を送れ」——これは，太平洋戦争直後 GHQ のマッカーサーがアメリカ政府に出した要求だ。「食糧がなければ暴動が起こり，鎮圧する兵隊がいる。体格のよいアメリカ兵は1人1日3000カロリーも消費し，けっきょく大量の食糧も必要になる。日本人なら1日1000カロリー台ですむから，食糧だけを送れ」としてマッカーサーは援助を引き出した。

　食品の「カロリー」とは燃焼熱（kcal）のことだ。動物は，食品中の炭水化物などを体の中で燃焼させてエネルギーを得ている。では，そもそも物が燃えるとなぜエネルギーが出てくるのだろうか。

　ここでは，化学反応に際する「**エネルギーの出入り（熱化学）**」をあつかおう。発熱とは，物質がもつ潜在的なエネルギーが熱エネルギーに変わることをいう。

1 ┃ 反応にともなうエネルギーの出入り

　エネルギーには3つの形態がある。❶潜在エネルギー，❷仕事，❸熱（熱運動エネルギー）の3つだ。物質は化学的な潜在エネルギーをもつ*1。この潜在エネルギーをエンタルピー（記号は H）*2という。

　発熱反応が起こると，エンタルピーは減少し，その分が仕事と熱の形で外部に放出される。

2 ┃ エネルギー図とエンタルピー変化

　たとえば，グルコース $C_6H_{12}O_6$ が燃焼する反応を取り上げよう。燃焼反応は「発熱反応」だ。周囲に熱が放出される。その分，物質のもつエンタルピー（潜在エネルギー）は減少する。

＊1：通常は「物質のエネルギー」とか「化学エネルギー」と表現される。物理の位置エネルギーとは違う。物質自体が持っているエネルギーだ。

＊2：エンタルピーについて，詳しくは本章 第2講 ❶ を参照のこと。

グルコースの燃焼反応について，エンタルピーの変化を表すと，右図のようになる。この図は，「$C_6H_{12}O_6$（1mol）+ O_2（6mol）のエンタルピーに対し，CO_2（6mol）+ H_2O（液体，6mol）のエンタルピーは2805kJだけ小さい」ことを表す。図中の係数は，物質量（mol）を表している。

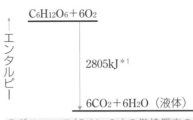

●グルコース（$C_6H_{12}O_6$）の燃焼反応のエネルギー図

この反応が，係数と同じ物質量だけ起これば，エンタルピーHが2805kJ減少する（$\triangle H = -2805kJ$）。この変化を化学反応式に添えて，以下のように表す。

$$C_6H_{12}O_6 \ + \ 6O_2 \ \longrightarrow \ 6CO_2 \ + \ 6H_2O（液体）[2] \qquad \triangle H = -2805kJ[3]$$

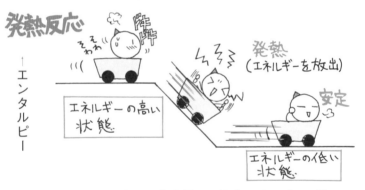

エンタルピーの減少量 ＝ 放出したエネルギー

＊１：エネルギーの単位にはJ（ジュール）とcal（カロリー）がある。
　1000J = 1kJ，1000cal = 1kcal ≒ 4.2kJ（「≒」は「およそ」の意味）
＊２：エンタルピーは，物質の種類，量，状態（まとめて「状態」という）によって決まる。
＊３：エンタルピー変化量は，大気圧（1.01×10^5Pa），25℃の定圧，定温で反応させたときの値で示す。

③ 反応エンタルピーと，発熱，吸熱の関係

　エンタルピー変化量（ΔH）は，「物質内部の潜在エネルギーの変化量」だ。発熱反応の場合は，エンタルピーが減少し，その分「周囲のエネルギー（熱や仕事の運動エネルギー）」が増加する。だから周囲は熱くなり，温度が上昇する。

　化学反応式の係数と同じ物質量だけ反応が起こったときのエンタルピー変化量（ΔH）を，反応エンタルピーという。

反応エンタルピー ΔH	物質内の潜在エネルギー	周囲の運動エネルギー	発熱，吸熱
負の値	減少する	増加する	発熱反応
正の値	増加する	減少する	吸熱反応

④ 熱化学方程式の反応熱と，反応エンタルピーの関係

　以前の高校教育課程であつかっていた熱化学方程式の「反応熱」は，「周囲」のエネルギー変化を表している。このため，「物質内部」のエネルギー変化である反応エンタルピー（ΔH）とは符号が逆になる。

　言い換えると，熱化学方程式の反応熱の符号を逆にすれば，エンタルピー変化量（ΔH），すなわち，反応エンタルピーの値になる。

　例➡ 熱化学方程式：　　　　　　　　　　　　反応熱

$$C_6H_{12}O_6 \ + \ 6O_2 \ = \ 6CO_2 \ + \ 6H_2O \text{（液体）} + \ 2805kJ$$

⬍ 同じ意味

エンタルピー変化量を記す式：　　　　　　　反応エンタルピー

$$C_6H_{12}O_6 \ + \ 6O_2 \ \longrightarrow \ 6CO_2 \ + \ 6H_2O \text{（液体）} \qquad \Delta H = -2805kJ$$

147

❺ 反応熱の種類

いろいろな反応熱があるけど，とくに重要な3つを説明しよう。

1．結合エネルギー

共有結合1molを切断し，原子にするときのエンタルピー変化。

例➡ H—O結合エ
ネルギー（435kJ/
mol）[*1]を使って，H，
O原子からH_2O（気
体）ができるときの
様子を表すと，右の
図のようになる。

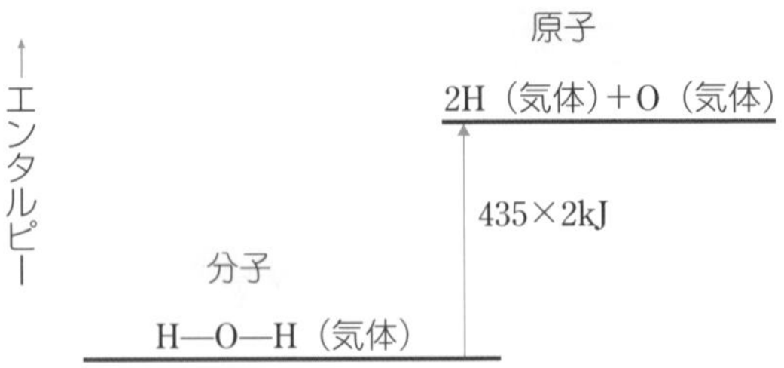

この図より，**結合
エンタルピーは「原
子と分子とのエンタルピーの差」**を表すことがわかる。

↑
エンタルピー
↓

原子
2H（気体）+O（気体）

435×2kJ

分子
H—O—H（気体）

●結合エンタルピー

2．生成エンタルピー（生成熱）

単体[*1]から，化合物[*1]1molができるときのエンタルピー変化。

例➡ H_2O（液体）の生成エンタルピー：−286kJ/mol

**生成熱は「単体と
化合物とのエンタル
ピーの差」**を表すと
いえる。多くは負の
値（発熱反応）だが，
正の値（吸熱反応）
のときもある。

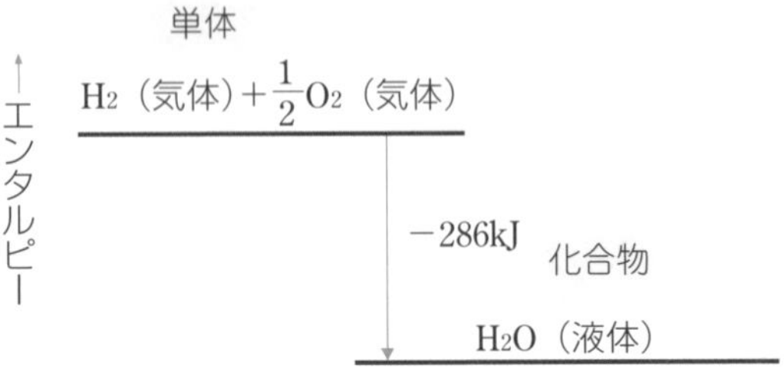

↑
エンタルピー
↓

単体
H_2（気体）+$\frac{1}{2}O_2$（気体）

−286kJ

化合物
H_2O（液体）

●生成エンタルピー

＊1：単体　：1種類の元素からなる物質（O_2，P_4など）
　　　化合物：2種以上の元素からなる物質（H_2O，CO_2など）

3．燃焼エンタルピー（燃焼熱）

物質 **1mol** が完全燃焼[*1]するときのエンタルピー変化。

例→ CH_3OH（液体）の燃焼エンタルピー：$-726kJ/mol$

完全燃焼とは，酸素と化合して安定な酸化物になる反応だ。**燃焼熱は，「燃焼物質と燃焼生成物**（＝酸化物）**とのエンタルピーの差」を表す**ともいえる。燃焼エ

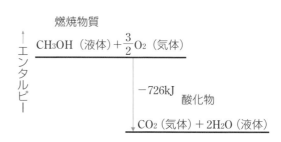

燃焼物質
CH_3OH（液体）$+ \dfrac{3}{2}O_2$（気体）

↑エンタルピー

$-726kJ$
酸化物
CO_2（気体）$+ 2H_2O$（液体）

●燃焼エンタルピー

ンタルピーは，すべて負の値（発熱反応）である。

＊1：具体的には，**例**→ の場合，物質が O_2 と反応して，物質中の C 原子が CO_2 に，H 原子が H_2O になること。

　反応熱がわかると，どんなよいことがあるんですか？

　反応熱の値から，「反応に際する温度変化」や，「反応に必要なエネルギー」が予測できる。しかし，それだけじゃない。どんな条件にすれば反応が起こるのかを予測するのにも役立つ。

　たとえば反応の中には，全部反応しきるのではなく，途中で進まなくなってしまう「可逆反応」というものがある。反応熱がわかれば，平衡定数[*2]を算出して，「この温度・濃度の条件では，**反応はどこまで進行するか**」，「ここまで進行させるには，**どんな条件にすればよいか**」といったことも，計算するだけで予測できるんだ。

＊2：「第3講 ❶ 化学平衡の法則」で説明する。

反応の結果を予測できるといいますが，そのために反応熱を測定しなきゃならないから，けっきょく，反応を行ってみないとわからないんじゃないでしょうか？

　未知の反応熱は，既知の反応熱から予測できる。次に反応熱の算出法を説明しよう。

6 ｜ 反応熱の算出

1．ヘスの法則

　物質のもつ潜在エネルギーは，その物質の状態だけで決まる*。だから，潜在エネルギーの差である反応熱は，**「反応前後の物質の状態だけで決まり，途中の経路は関係しない」**。これを**ヘスの法則**という。

　化学反応の前後でもエネルギー保存則が成り立つという意味だ。

*：このような数値を状態関数という。詳しくは「第2講」で説明する。

2．反応エンタルピーの算出法①　加減法

> **手順❶**　数値が与えられた反応エンタルピーを表す反応式を書く。
> **手順❷**　求めたい反応エンタルピーを表す反応式を書く。
> **手順❸**　手順❶の式を加減し，手順❷の式をつくる。
> 　　　　　反応エンタルピーも，その通りに足し合わせる。

例➡ 以下の反応の反応エンタルピーを用いて，一酸化窒素NOの生成エンタルピーを求めよ。なお，物質の状態は，すべて気体とする。

$$4NH_3 \ + \ 5O_2 \longrightarrow 4NO \ + \ 6H_2O \ \cdots\cdots(1) \qquad \Delta H_1 = -908kJ$$
$$4NH_3 \ + \ 3O_2 \longrightarrow 2N_2 \ \ + \ 6H_2O \ \cdots\cdots(2) \qquad \Delta H_2 = -1268kJ$$

手順❶　上記の通り。
手順❷　「一酸化窒素NOの」生成エンタルピーとは，NOが単体（N_2 と O_2）から「1mol」生じたときのエンタルピー変化量 ΔH だ。こ

れを x とおくと,

$$\frac{1}{2}N_2 + \frac{1}{2}O_2 \longrightarrow NO \quad \cdots\cdots(3) \qquad \triangle H_3 = x\,kJ$$

　エンタルピー変化を表す式では, 係数が物質量を表す。NO が 1mol 生じるときの式を書きたいので, N_2 や O_2 の係数は分数にする。

手順❸　式(3)の2倍の式をつくることにする。式(1), (2)を使って, 式(3)の化学式を用意すればよい。以下のように式(1), (2)を組み合わせる。

右左辺を逆にして足したので「−」

$$
\begin{array}{lllll}
2N_2 & + 6H_2O & \longrightarrow 4NH_3 + 3O_2 & \cdots & -(2) \\
+\ )\ 4NH_3 & + 5O_2 & \longrightarrow 4NO + 6H_2O & \cdots & +(1) \\
\hline
2N_2 & + 2O_2 & \longrightarrow 4NO & \cdots & =(3) \times 4
\end{array}
$$

　反応エンタルピーも, この通りに計算する。

$$-(2) + (1) = (3) \times 4 \quad \text{より},$$
$$-(-1268) + (-908) = x \times 4 \qquad x = 90\,kJ/mol$$

　この等式は, ヘスの法則により成立する。式(3)の経路であろうと, 式(2)の逆反応を行ってから式(1)を行う経路であろうと, 全体として N_2 と O_2 から NO が生成することには変わらないから, 出入りした総熱量は等しいんだ。
　この計算により, 一酸化窒素 NO の生成エンタルピーは, 90kJ/mol と算出される。反応エンタルピーが正の値なので, 吸熱反応だ。エンタルピーが増大する分, 周囲から熱を吸収する。一般に吸熱反応は進行しにくい。したがって, 式(3)の反応を直接行うことにより効率よく一酸化窒素を生産することは, 難しいと予想される。

3．反応エンタルピーの算出法②　エネルギー図法

> **手順❶**　各々の反応エンタルピーを，エネルギー図に直す。
> **手順❷**　**手順❶**の図を組み合わせ，求めるエネルギー図の別経路をつくる。
> **手順❸**　ヘスの法則により，未知数を求める。

例➡ 水（液体）H_2O，メタンCH_4と二酸化炭素CO_2の生成エンタルピーは各々-286，-76，$-394kJ/mol$である。メタンの燃焼エンタルピーは何kJ/molか。

　なお，生成エンタルピーの式で用いる単体は，C：黒鉛，O：O_2であり，燃焼エンタルピーの式で用いるH_2Oの状態は液体とする。他の物質の状態は気体である。

手順❶　まず，各々の反応エンタルピーを表す反応式を書き，それをエネルギー図に直そう。求めるメタンの燃焼エンタルピーはxkJ/molとおく。

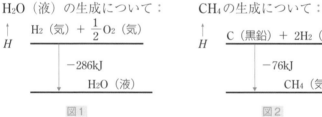

H_2O（液）の生成について：

$$\begin{array}{l} H_2 \text{（気）} + \frac{1}{2}O_2 \text{（気）} \\ \hline \qquad -286kJ \\ \qquad \qquad H_2O \text{（液）} \\ \hline \end{array}$$

図1

CO_2（気）の生成について：

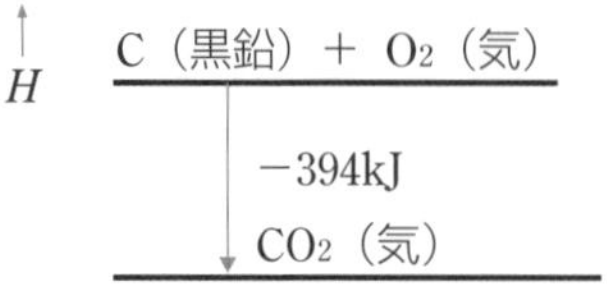

$$\begin{array}{l} C \text{（黒鉛）} + O_2 \text{（気）} \\ \hline \qquad -394kJ \\ \qquad CO_2 \text{（気）} \\ \hline \end{array}$$

図3

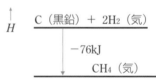

CH_4の生成について：

$$\begin{array}{l} C \text{（黒鉛）} + 2H_2 \text{（気）} \\ \hline \qquad -76kJ \\ \qquad \qquad CH_4 \text{（気）} \\ \hline \end{array}$$

図2

CH_4（気）の燃焼について：

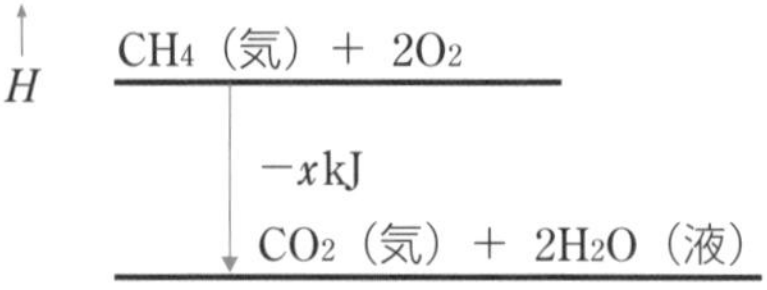

$$\begin{array}{l} CH_4 \text{（気）} + 2O_2 \\ \hline \qquad -x kJ \\ \qquad CO_2 \text{（気）} + 2H_2O \text{（液）} \\ \hline \end{array}$$

図4

手順② 図4の別経路をつくる。求めたいのは図4のxなので,図4の別経路をつくればよい。これらのエネルギー図には単体,通常の化合物,安定酸化物（CO_2, H_2O）が含まれる（原子は含まれない）ので,以下のように単体から安定酸化物を結ぶように描いてみる。

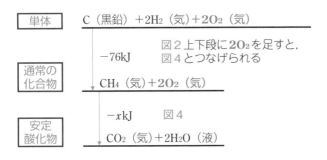

単体から安定酸化物を別経路で結ぶと,

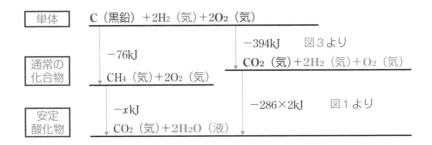

手順③ ヘスの法則より,左の経路と右の経路の総エンタルピー変化量は等しいので,

$$-76 + (-x) = (-394) + (-286 \times 2)$$
$$x = -890 \, [\text{kJ/mol}]$$

図を見ると，反応式の右辺と左辺の生成エンタルピーを引き算すれば解けそうな気がします。

そうだ。燃焼エンタルピーなどの，化合物間の反応を表す反応エンタルピーを求めたければ，以下の図のように，反応式の右辺の生成エンタルピーと，左辺の生成エンタルピーの差をとればよい。この解法は，生成エンタルピーがひととおり与えられているときに使える。

単　体

左辺の生成エンタルピー（合計値）

反応物質（左辺）

右辺の生成エンタルピー（合計値）

反応エンタルピー x

生成物質（右辺）

──●生成エンタルピーの求め方──
左辺の生成エンタルピー（合計値）＋ 反応エンタルピー x
　　　　　＝ 右辺の生成エンタルピー（合計値）

この例題の場合，
$$-76 + (-x) = -394 + (-286 \times 2) \qquad x = 890\text{kJ/mol}$$

次は結合エンタルピーを用いて反応エンタルピーを算出してみよう。

例➡ 水素 H_2 はメタン CH_4 から以下の反応で製造される。この反応の反応エンタルピーは何kJか。ただし，物質の状態はすべて気体であり，結合エンタルピーの数値は以下のとおりである。

$$CH_4 + 2H_2O \longrightarrow CO_2 + 4H_2$$

結合エンタルピーの値（kJ/mol）

C—H：415，O—H：460，C＝O：800，H—H：435

手順❶ 求める反応エンタルピーをxkJとおき，エネルギー図で表すと，

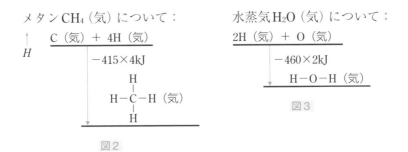

図1 求める反応エンタルピーを表すエネルギー図

　結合エンタルピーは，原子とのエンタルピー差を表す数値なので，上式の各物質と原子とのエンタルピー差を表すエネルギー図を描く。

メタンCH_4（気）について：　　水蒸気H_2O（気）について：

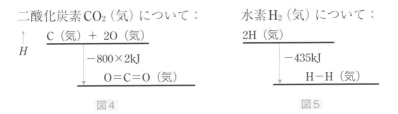

手順❷ これらを組み合わせて図1の別経路をつくる。

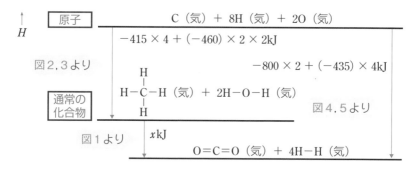

図6 図1の別経路を示したエネルギー図

図6より,

$$-415 \times 4 + (-460) \times 2 \times 2 + x = -800 \times 2 + (-435) \times 4$$
$$x = 160 〔kJ〕$$

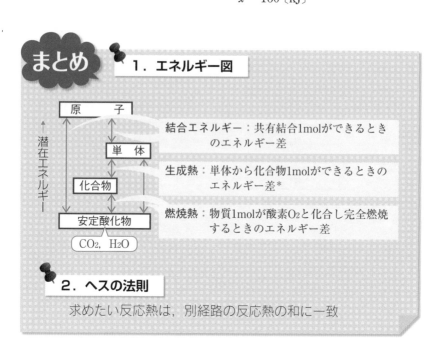

まとめ

1. エネルギー図

結合エネルギー：共有結合1molができるとき
のエネルギー差

生成熱：単体から化合物1molができるときの
エネルギー差*

燃焼熱：物質1molが酸素O_2と化合し完全燃焼
するときのエネルギー差

2. ヘスの法則

求めたい反応熱は，別経路の反応熱の和に一致

156

例題1 ▎反応熱の計算

以下の反応熱を用いて，メタノールCH_3OH（液体）の生成熱を算出せよ。

〈燃焼熱〉　CH_3OH：726kJ/mol，　C（黒鉛）：394kJ/mol，
　　　　　　H_2：284kJ/mol

⊛　燃焼熱は，燃焼で生じるH_2Oを液体としたときの数値である。

解答　236〔kJ/mol〕

解説　❶ エネルギー図は，いちばん複雑な部分からつくるとよい。

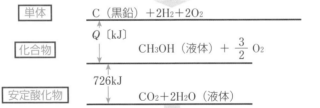

❷ 目的の経路をはめ込んで

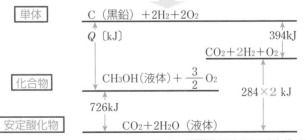

❸ さらに別経路をつくる

H₂ 2molが燃焼するときのエネルギーに換算

ヘスの法則より，$Q + 726 = 394 + 284 \times 2$　$Q = 236$　**236kJ/mol**

熱力学の概要

 エンタルピー，エントロピー，ギブズエネルギー

　棚の上のボールがひとりでに床に落ちてくることは自然な変化だが，床の上のボールがひとりでに棚の上に登ることは不自然な変化だ。**自然な変化とは，潜在的なエネルギー（＝エンタルピー）が減少する変化**だといえる。

　一方，水にインクを1滴落とすと，自然に広がっていく（拡散する）。しかし，広がっていたインクがひとりでに1滴に濃縮されることはない。**自然な変化とは，乱雑さ（＝エントロピー）が増加する変化**だといえる。

　両者の影響を考えあわせた数値が**ギブズエネルギー**というものだ。このエネルギーの値を算出すれば，その条件で反応が右左どちらの方向に進行するかがわかるんだ。

「第2講」では熱力学の概要をあつかおう。高度な式展開を理解するためには，まず熱，仕事，エンタルピー，エントロピー，ギブズエネルギーが感覚でわかることが必要なんだ。そのためには，**「状態関数とは何か。どんなメリットがあるのか。それを創出するにはどうすればいいか」**を理解していこう。

内部エネルギーとエンタルピー

「エネルギーがつきた」キミは疲れたときそう思わないだろうか。しかし、それは、キミの内にあった潜在エネルギーが、熱や仕事に変わり外部に移動したのであって、エネルギーの総量は変わっていない。

ここでは、物理変化や化学変化に際するエネルギーの出入りをあつかおう。熱力学は物理化学の中核だ。

1 | 熱と仕事

1. エネルギーの形態

エネルギーは、次の3つのうちのどれかの形態をとっている。

❶ 結合の切断生成によって増減する潜在エネルギー
❷ 物体を押したり突き動かしたりする力学的な「仕事」
❸ 粒子の熱運動の激しさ（温度）に由来する「熱」

❶は、反応さえ起これば、どんな条件のもとでも**決まった量のエネルギーが出入りする**。そして、❶によって貯めたエネルギーは、逆向きの反応によって、そっくりそのまま外部にもどすことができる。

❷には、体積膨張に際して起こる「膨張仕事」と、軸回転や電気の形でとりだされる「非膨張仕事」がある。仕事は、その**方向性が一定していて拡散しない**エネルギー形態だが、長時間の後には**摩擦熱に変わり果てる**。

❸の熱は、一部を❶や❷に変えることが可能だが、全部を変えることはできない。なぜか？　**熱は拡散する**ものだから、一定方向へ流すには高温物質と低温物質をつながなければならない。そのときの高温側から低温側への熱の流れを❶や❷のエネルギーに変換するんだ。最後に**両物質に残る熱の分だけは、ぜったいにとりだせない**。

たとえば、90℃の水100 gと50℃の水100 gを接触させると、90℃の水の温度は20℃下がり、両者とも70℃になる。このときの20℃下

がる分の熱を全部仕事に変えることは理論上可能だが，残り70℃（絶対温度[*1]で343K）の分を仕事に変えることはできない。

温度を水位にたとえると

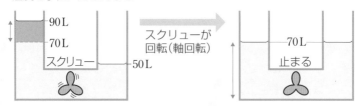

この20L分は仕事に変えられる　　この70L分は仕事に変えられない

●熱をすべて仕事に変えることはできない

ところで，「エネルギー」の他にも，「熱量」，「反応熱」，「発熱」，「吸熱」といった表現も，すべて「熱＋仕事」のことをさす。単に「熱」といったときだけ熱運動の激しさのことをいうから注意しよう[*2]。

＊1：絶対温度〔K〕➡セルシウス温度〔℃〕に273を足した温度。絶対温度0Kですべての粒子の熱運動がストップする（まだ実現はされていない）。t〔℃〕＋273 ＝ T〔K〕　単位のKは「ケルビン」とよむ。

＊2：とくに軸回転や電気の形で仕事を外にとりださないかぎりは，仕事はすぐ熱に変わってしまう（仕事➡熱の変化は完全に起こる）。したがって，十分放置した後に熱を測れば，発生した「仕事＋熱」を全部測ったことになるんだ。

2．系

容器の内部，つまり，物理変化や化学変化に携わる物質の一団の

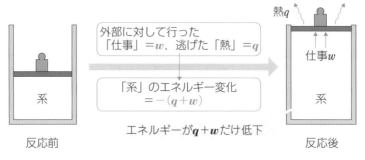

●「発熱」は，系のエネルギーが減少すること

ことを「系」という。熱力学では，常に「系」のエネルギーに着目する。**発熱反応のときは，「系」はエネルギーを失うから，その変化量は負の値になる。**熱化学の反応熱とは逆の符号になるから気をつけよう。

2 | 断熱変化と等温変化

1．断熱膨張，断熱圧縮

　外部との熱の出入りができない「系（容器）」が膨張すると，外部に**「仕事」の形でエネルギーを放出し，その分「系」のエネルギーが減少するから温度が下がる。**これを「断熱膨張」という。逆に，熱が出入りできない「系」が圧縮されると，外部から**「仕事」の形でエネルギーが加えられるから温度が上がる。**これを「断熱圧縮」という。

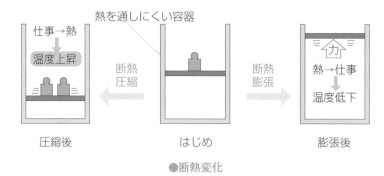

熱を通しにくい容器

仕事→熱
温度上昇

断熱圧縮

断熱膨張

熱→仕事
温度低下

圧縮後　　　　　　　はじめ　　　　　　　膨張後

●断熱変化

高校で習う「ボイルの法則」によると，圧力をかけて体積が減少するときは，温度は一定だったはずですが？

2．等温圧縮，等温膨張

　後にあつかう「ボイルの法則」というのは，等温変化を前提にしているんだ。等温変化というのは，温度が「一定になる」んじゃなくて，**外部との熱の出入りを十分にさせて，わざと「一定にする」んだ。**

　等温変化では，膨張・収縮に際する「仕事」の出入りのほかに，「熱」の出入りもある。熱が出入りしない断熱変化よりも複雑にみえ

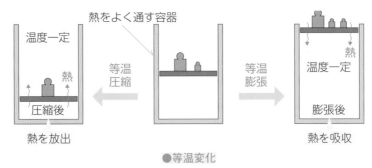

熱をよく通す容器

温度一定

等温
圧縮

等温
膨張

熱
温度一定

圧縮後

膨張後

熱を放出

熱を吸収

●等温変化

るが，温度変化がないので，理論を考える上では都合がよい。

　現実には100%完全な断熱変化，等温変化はないが，急激な変化を
「断熱」，緩やかな変化を「等温」とみなせば，考えやすくなる。科学
では，このように細かい要因を切り捨てて本質的なところだけを残す
「モデル化」を行って，複雑な現象を考察可能なものにするんだ。

3. 断熱変化，等温変化の例

　自動車のターボエンジンは，ガソリンの蒸気と空気との混合気体を，
ターボチャージャーで急激に圧縮する（これは「断熱圧縮」に相当す
る）。圧縮された混合気体は熱をもつために，膨張しかえそうとする。
そこで，次にインタークーラーという冷却器を通し，混合気体から熱
を奪って，体積をさらに減少させる。こうして低温，高圧の高密度な
混合気体をつくり，エンジンに供給して大きな出力を得ている。

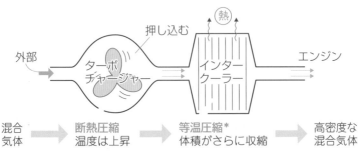

押し込む

熱

外部

ターボ
チャージャー

インター
クーラー

エンジン

混合
気体

断熱圧縮
温度は上昇

等温圧縮*
体積がさらに収縮

高密度な
混合気体

●自動車のターボエンジン

＊：実際はインタークーラー中で混合気体の温度が下がるが，熱を抜くことにより圧縮するから，便宜上等温圧縮と考えた。混合気体はこの後エンジン中で燃焼➡断熱膨張し，ピストンを押し動かす。

❸ 内部エネルギー

「系」がもつエネルギーの合計を「内部エネルギー（記号 U で表す）」という。これは，**物質がもつ潜在エネルギーと，熱，仕事の形でその物質に加えられたエネルギーとの合計**に値する。外部から「熱」が q，「仕事」が w だけ加わったときの U の増加量は，次式で表される。

●内部エネルギーの式

$$\Delta U \quad = \quad q \quad + \quad w \quad \cdots\cdots(1)$$

（内部エネルギー増加量）　　（加わった熱）　　（加わった仕事）

内部エネルギーは，すべてのエネルギーの出入りを考えるから，厳密なエネルギーの表し方だ。ただし，内部エネルギーが 0 になる状態とはどういう状態なのかがわからないため，その絶対量を決めることはできない。その変化量だけが意味をもつことになる。

内部エネルギーは相対的な値しか決まらない

④ | 熱力学第一法則

外部との物質，熱，仕事の出入りがない系を「孤立系」*という。「孤立系」の内部で潜在エネルギー，熱，仕事の量が変化したとしても，それは三者の配分が変化するだけで，三者（＝エネルギー）の総量は変化しない。これを「熱力学第一法則」とよぶ。

これは，物理変化の前後で（熱）＋（仕事）が保存される「エネルギー保存則」に潜在エネルギーを考慮に加えて，化学変化にも適用範囲を広げたものだ。たとえば化学反応で「発熱」が起こるときは，潜在エネルギーが減少し，その分だけ熱と仕事が増える。

＊：外部との出入りがあるときは，その外部までを合わせた全体を「系」と考えれば「孤立系」になる。たとえば，宇宙の外には何もないと考えれば，「宇宙全体」はいつでも「孤立系」とみなせる。

> ●熱力学第一法則
>
> **孤立系のエネルギーの総量は一定である。**
>
> 孤立系：外部と物質，エネルギーのやりとりがない系（＝容器内）

5 | 状態関数と経路関数

　変化の前と後の状態さえ確定すれば，途中の経路に関係なく値が決まる関数（数値）のことを「状態関数」という。これに対して，途中の経路が確定しないと値が決まらない関数を「経路関数」という。内部エネルギーの式の U，q，w がどちらの関数になるのかを考えてみよう。

　内部エネルギー U や，その変化量 ΔU は状態関数だ。U はすべてのエネルギーの合計なのだから，熱力学第一法則より，出入りする量は途中の経路に関係なく，反応前と後の状態だけで決まる。

　一方，「系」に加わった「熱」q や「仕事」w は経路関数だ。q と w の合計 ΔU は一定でも，q と w の配分は，反応途中の熱の出入りの仕方（「断熱変化」か「等温変化」か*）によって変わるからだ。

*：「系」が外部と熱をやりとりしながら膨張・収縮していく「等温変化」なのか，外部と熱をやりとりしない「断熱変化」なのかによって，同じ体積だけ膨張するときでも系のエネルギー変化はちがってくる。

6 | エンタルピー

　熱qや仕事wは測りやすいが，経路によって変わる経路関数だから普遍性がない。一方，状態関数である内部エネルギーUは，熱と仕事を両方測定する必要があり測りにくい。何とかして「測りやすい状態関数」をつくれないだろうか。

　経路関数は，変化前後の状態とその経路で決まる。**経路を指定した経路関数は，状態関数になる**はずだ。

　地表面で起こる変化は，1気圧（0.101MPa），常温といった等圧・等温の下で起こるから，**経路を「一定圧力下での等温変化」と指定**してしまい，このとき**系が受けとる熱（q_pと表記する）**」を新たな関数としよう。これは状態関数だ。しかも，仕事wを考えずに熱q_pだけ測ればわかる便利な状態関数だ。こうして創出された新たな状態関数を「**エンタルピー（記号はH）**」とよぶ。

●エンタルピーの式

$$\varDelta H \quad = \quad q_p \qquad \cdots\cdots(2)$$
$$\left(\begin{array}{c}\text{エンタルピー}\\\text{の増加量}\end{array}\right) \quad \left(\begin{array}{c}\text{等温・等圧下で}\\\text{系が吸収した熱}\end{array}\right)$$

1気圧25℃のときは，　$\varDelta H^{\ominus} \quad = \quad q_p \quad = \quad -Q \qquad \cdots\cdots(3)$
　　　　　　　　　　（標準エンタルピー）*　　Q：反応熱

＊：1気圧における$\varDelta H$を「標準エンタルピー」とよび，通常は25℃で，物質1molが変化するときの数値で表す。この値は前章の熱化学であつかった「**反応熱Qの逆符号値**」に等しい。

●エンタルピーは，等温・等圧での吸熱量

経路関数の状態関数化

パリまで何kmですの?

大圏航路を直行すれば?

成田

経路によって違うからねー

10700kmだよ つか、この飛行機 大阪行きよー

飛行距離は経路関数　　経路を指定すれば状態関数

7 | 内部エネルギーとエンタルピーの関係

　エンタルピーも，内部エネルギーと同様に相対的な値しかわからないから，差の値$\triangle H$，$\triangle U$だけが意味をもってくる。両者の関係は以下の式で表される。

●エンタルピーと内部エネルギーの変化

$$\triangle H \quad = \quad \triangle U \quad + \quad p\triangle V \quad \cdots\cdots(4)^{*}$$

（エンタルピー変化）　（内部エネルギー変化）　（圧力）（体積変化）

たとえば発熱反応の場合，反応熱Qは正の値，$\triangle H$は負の値

＊：「$\triangle$」とは「差」を意味し，「**変化後の値から変化前の値を引いたもの**」と定義されているから，$\triangle U$, $\triangle H$, $\triangle V$とも増加量を表す。ところで，体積が増加すると，外部に仕事の形でエネルギーを放出するから，「$p\triangle V$」は，一定圧力下で外部に対して行った仕事（$= -w_{\mathrm{p}}$）に等しい。したがって，式(1)，式(2)より式(4)を導くことができる。

$$\triangle U = q_{\mathrm{p}} + w_{\mathrm{p}} = \triangle H - p\triangle V$$
$$\triangle H = \triangle U + p\triangle V$$

まとめ

1. 断熱変化と等温変化

	等温変化 熱, 仕事が出入り		断熱変化 仕事だけ出入り	
外部と				

等温・等体積	等温・等圧	圧縮	膨張
系が熱 q_V を吸収	系が熱 q_p を吸収 体積 V だけ膨張	受けた仕事 の分だけ 温度が上昇	行った仕事 の分だけ 温度が低下

ΔU ────────── $+q_V$ ─── $+q_p - p\Delta V$

ΔH ────────────── $+q_p$ 圧力 体積増加 （仕事 $w = -p\Delta V$）

2. 内部エネルギーとエンタルピー

	熱 q	内部エネルギー U（＝熱＋仕事）
長所	測りやすい	**状態関数** 経路に影響されない
短所	**経路関数** 経路によって コロコロ変わる	測りにくい
短所の 解決法	経路を一定にする （等圧・等温）	「仕事」を抜いて 「熱」だけの関数にする

	エンタルピー H
いいとこ取り	等圧・等温変化での「熱」

168

例題1 ▎内部エネルギー変化△Uとエンタルピー変化△H

以下に示す反応を行ったとき，エンタルピー変化量ΔHと，内部エネルギー変化量ΔUをそれぞれ求めよ。

内部エネルギー変化ΔUとエンタルピー変化ΔH

解答 $\Delta U = -105$〔J〕 $\Delta H = -100$〔J〕

解説 エンタルピー増加量ΔHと内部エネルギー増加量$\Delta U = U_2 - U_1$の関係は式(4)より，

$$\Delta H = \Delta U + 1 \times (7 - 2)$$

一方式(3)より，H増加量（ΔH）は系が「得た」熱だから，発熱の場合は負の値になる。

$$\Delta H = -100J$$

よってUの増加量（ΔU）は，

$$-100 = \Delta U + 1 \times (7 - 2), \quad \Delta U = -105J$$

「系」は，「熱」の形で100Jのエネルギーを失い，さらに「仕事」の形で5Jのエネルギーを失っていることになる。両者を考慮するΔUは $-100 + (-5) = -105J$だが，熱だけ考慮するΔHは $-100J$になる。このように，体積が膨張する際は，常に$\Delta H > \Delta U$になる。

② エントロピー 🎓

　ぼくはむかし阿蘇山で，集合していた修学旅行の中学生たちが解放され，いっせいに草原に散らばる様子を展望台からみていたことがある。集まっていた人がいっせいに散らばる瞬間はエネルギッシュだ。ただし，一度散らばってしまった生徒たちを元の整列した状態にもどすのは容易ではないなとも思った。これは物質の変化についてもあてはまる。物質は，散らばる瞬間にエネルギーを発して，外部に仕事することができるが，一度散らばったものは自然にもとにはもどらない。

　ここでは，散らばるエネルギー「エントロピー」をあつかおう。物質は「エンタルピーの大きさ」という潜在エネルギーとは別に，「エントロピーの小ささ」という潜在的能力もあわせもつが，エンタルピーが宇宙全体では一定に保たれるのに対し，**エントロピーは一度増えたら二度と減らない**「はかない」ものであることがわかるだろう。

1 ┃ エントロピー（乱雑さ）の概念とは何か

　インクを1滴水に落とすと，やがて水全体に一様に広がり，薄まってしまう。しかし，その薄まった液から，何かの拍子にひとりでにインクの成分だけが集まって，1滴のインクになるという話はきかない。

自然な変化とは乱雑になること

自然だ

不自然だ！

インクを落とす　　薄まる　　薄まっていたインク　　自然に集まる

　このような現象をモデル化してみよう。下の図のように，赤玉と黒玉が左右に分けられ秩序ある配置がなされた箱があるとする。箱を振り動かして，ボールが自由に位置を置き換われるようにすると，時間の経過とともに，赤玉と黒玉が入り混じった状態になっていく。

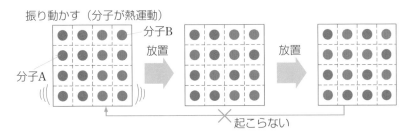

●エントロピー増大のモデル

　図の左側から右側への変化は自然に起こるが，右から左へと変化することはまれだ。なぜなら，16個のマス目に青玉，白玉を各8個配置する方法は$_{16}C_8 = 12870$ 通りもある。偶然にそのうちのたった1通りの状態になる確率は非常に小さいからだ。

　たった16個のボールでさえこれほど低い確率なのだから，アボガドロ定数個もの2種の気体分子が，ひとりでに箱の左右にきれいに分かれる現象など，絶対に起こらないといってもさしつかえないだろう。

　したがって，**2種以上が混じりあった気体，または液体を放置すれば，時間の経過とともに混じりあい，最後には一様になる**＊。これが「拡散」の原理だ。「拡散」のような，**エントロピー（＝乱雑さ）が増大する変化は，自然に起こりやすい。**

＊：水に油が溶けないのは，極性の大きな水分子どうしが行っている強力な水素結合を，無極性の油分子が切断できないからだ。

エントロピーって抽象的で，数値では表せないように思えます。

2 | エントロピーの数量化

1. エントロピーの増減とはどういう現象か

　科学は，抽象的でとらえどころのない現象を数量化することからはじまる。では，エントロピー（＝乱雑さ）増大とはどういう意味だろう？　インクが薄まるのは，分子が熱運動をしているからだ。拡散とは，混じりあう2種の分子が互いに熱運動の範囲を広げあうことだといえる。つまり，**エントロピーが増大するということは，熱運動を行う範囲が広がること**，つまり，「**熱運動の拡散**」のことをいうんだ。

2. エントロピー増大モデルとしての「拡散」

　たとえば，下の図のように，酸素と窒素が混合して，空気のような混合気体になるときの様子を考えよう。酸素と窒素の両方を同時に考えるのは大変だから，まず酸素のみに着目しよう。仮に窒素が存在しないと考えると，**酸素は真空に対して膨張するのと同じこと**になる。窒素についても同様に，今度は酸素の存在を無視して考えればよい。

　したがって，気体が混合するときのエントロピーの変化は，それぞれの気体が**別々に真空に対して膨張するときのエントロピー変化の和**と考えられる。そこで，真空に対する気体の膨張をモデル化して考えよう。

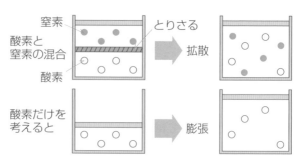

●拡散とは膨張しあうこと

3. 可逆変化

　次頁の図のように，等温に保たれたピストンつき容器がある。無数の重りが乗っているピストンから，重りを1個ずつとりさると，各段階では微少量だけ圧力が減少するので，微少量だけピストンが上がる。残っている重りによる圧力に抗してピストンが上がるから，「系」が

外部に対して「仕事」をすることになる。

　等温条件だから、「系」は「仕事」で失った分のエネルギーを「熱」の形で外部から吸収し、温度を一定に保つ。

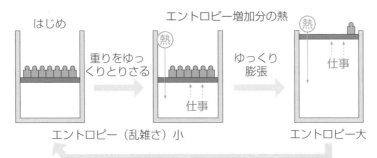

はじめ

重りをゆっくりとりさる

エントロピー増加分の熱

ゆっくり膨張

仕事

仕事

エントロピー（乱雑さ）小

エントロピー大

重りをもどしていけば、ぴったり元どおりになる（＝可逆変化）

●可逆的な膨張と圧縮

　ピストンが上がりきったら、今度は同じ要領で重りを1個ずつピストンにもどす。各段階で膨張のときとまったく同じ量の仕事と熱が逆方向に移行し、系と外部は元どおりになる。このように自然界に何の痕跡も残さず元にもどる変化を「可逆変化」という。

　　　無限に遅く変化させる「可逆変化」は一般にはあまり起こらない特殊な変化なのに、なぜそんな状況を考えるんですか？

　エンタルピーのときにも行った「熱の状態関数化」をするためだ。経路を「可逆変化」と指定すれば、膨張時の吸熱量と、圧縮時の発熱量が等しくなって、「熱」が普遍的な数値に近づいてくる。けっきょく、エントロピーも「変化に際して外部から吸収する熱」をみるんだ。

　　　変化に際する「吸熱量」を測るのであれば、エンタルピーの測定条件と何ら変わらないと思うのですが…。

じつをいうと，エントロピーが変化したとき，測定上は熱の出入りがなかったことになってしまうんだ。それは，実際の測定では「仕事」が「熱」に変わってしまってから温度変化を測るからだ。前頁の図「可逆的な膨張と圧縮」より，エントロピー変化に際して「外部」が得る「仕事」のエネルギーと，失う「熱」のエネルギーとは相殺されるため，外部の温度は十分に放置した後には，はじめと同じになってしまうんだ。

　つまり，実測上は「仕事」と打ち消しあって測れなくなるような「熱」を用いて，エントロピーを算出しなければならないことになる。したがって，さらにその条件にあった式変形を行い，この「熱」を，その条件で実測可能な他の数値で表す必要があるんだ。

❸ ｜ エントロピー算出の式

1. エントロピーの定義

　さて，熱量の状態関数化に話をもどそう。数学的考察*の結果，エントロピー変化に際して**吸収された熱** q_r（可逆変化時の吸熱量）を絶対温度 T で割って，q_r/T という値にしてやれば，途中の経路に影響されない状態関数になることがわかった。そこで，この q_r/T の値を「**エントロピーを表す数値**」（記号は S）にしようと決めたんだ。

可逆的に膨張したと仮定したとき系が受けとる熱

$$\text{エントロピー増加量：}\quad \Delta S = \frac{q_r}{T} \qquad\qquad \cdots\cdots(5)$$

絶対温度

＊：内部エネルギー変化 ΔU，系が吸収した熱 dq，圧力 p，体積 V，物質量 n，気体定数 R，絶対温度 T，定積条件（＝仕事をしない）での熱 q_v，定積熱容量（比熱）C_v を用いると，$\Delta U = dq - p dV$，$\Delta U = q_v = C_v dT$，$p = nRT/V$ より，
$$dq = C_v dT + (nRT/V)\, dV \quad \cdots\cdots(6)$$
この式は完全微分（積分値が経路に関係なく一定になる）ではないので dq は状態関数ではない。しかし，両辺を T で割った式は完全微分の式となるから，dq/T は，経路に関係ない状態関数となる。けっきょく，温度の経路を「はじめや後の温度ではなく，熱の出入りが起こっているその瞬間，瞬間の温度」と規定してやればよいことになる。

２．実測値からのエントロピーの算出

　現実にはエントロピー変化するときの「熱」は，「仕事」と相殺されて測定できなかった。したがって，式(5)をもとに，さらに各々の条件に合うよう式を変形させ，$\varDelta S$ を把握可能な値から算出するんだ*。

┌─●エントロピー変化を算出する式 ─

エントロピー増加　　　自然対数

等温での体積変化時 ：$\varDelta S$ ＝ $nR \log_e (V_2/V_1)$ ……(7)
　（気体のみに適用）　　物質量　　気体定数　　体積が何倍になったか

定圧熱容量（一定圧力における比熱）

等圧での温度変化時 ：$\varDelta S$ ＝ $C_\mathrm{p} \log_e (T_2/T_1)$ ……(8)
　　　　　　　　　　　　　　温度が何倍になったか

等体積での温度変化時：$\varDelta S$ ＝ $C_\mathrm{v} \log_e (T_2/T_1)$ ……(9)
定積熱容量（一定体積における比熱）

融解エンタルピー（＝融解熱），
蒸発エンタルピー（＝蒸発熱）

等圧での状態変化時 ：$\varDelta S$ ＝ $\dfrac{\varDelta H}{T}$ ……(10)
　（蒸発，融解）　　融解，蒸発が起こる温度〔K〕

　たとえば，図「可逆的な膨張と圧縮」に示した等温条件での膨張であれば，式(7)を使って計算する。

＊：式(5)の定義より，不可逆変化で実測した熱では，エントロピーは算出できないことに注意しよう。
　微小変化を dS，その合計を $\varDelta S$ と表すと，式(5)，式(6)より，
$dS = (C_\mathrm{v}/T)\,dT + (nR/V)\,dV$ 　これを区間 $V_1 \sim V_2$ で定積分すると，
$\varDelta S = C_\mathrm{v} \log_e (T_2/T_1) + nR \log_e (V_2/V_1)$ 定温変化なら，
$C_\mathrm{v} \log_e (T_2/T_1) = 0$ になるから $\varDelta S = nR \log_e (V_2/V_1)$ ……(7)
定積変化なら，$nR \log_e (V_2/V_1) = 0$ だから
$\varDelta S = C_\mathrm{v} \log_e (T_2/T_1)$ ……(9) 　定圧変化なら定圧熱容量（比熱）C_p を使い，理想気体なら $C_\mathrm{p} - C_\mathrm{v} = nR$，さらに定圧なら $V_2/V_1 = T_2/T_1$ であることを考慮して
　　　$\varDelta S = C_\mathrm{p} \log_e (T_2/T_1)$ ……(8)

式(7)〜(10)は，いずれも物理変化に際するエントロピー変化の算式です。化学変化に際するエントロピー変化はどうやって算出すればいいんでしょうか？

3．化学反応に際するエントロピー変化

　化学反応でもエントロピーは変化する。たとえば，25℃，1気圧で

　　　A（気体）——→ 2B（気体）

という反応が起こるとする。反応式より，反応後は物質量，気体の体積ともに増す。エントロピー増大とは，熱運動の拡散のことだから，この反応が起これば，**エントロピーは増加する**と予想される。

　熱運動の範囲を広げるには新たな熱エネルギーが必要になる。我々は25℃くらいのもとで生活しているからピンとこないが，熱運動0となる絶対温度0Kの状態から比べれば，25℃（298K）というのはすごくたくさんの熱運動エネルギーをもった状態だ。増加した分の気体に25℃の熱運動をもたせるということは，その物質を**絶対温度0Kから298Kまで加熱するのと同じ量の熱エネルギーを，その気体にもたせる**という意味になる。当然，系はその分の熱を外部から吸収しなければならない。この吸熱量が，化学反応に際するエントロピー増加のことだ。なお，2A（気体）——→ B（気体）のように，エントロピーが減少するような反応もある。

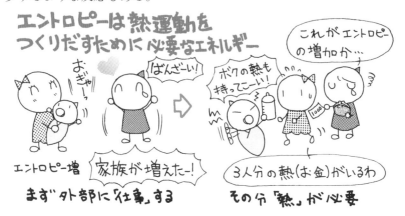

　ただし，エントロピー増加に際しては，「吸熱量」と同じだけの「仕事」が外部に対して行われるため，その「吸熱量」を測定することはできなかった。どうやって反応前後のエントロピー変化を求めてやればいいのだろうか。ここで，エントロピーは状態関数であり，別経路が設定できれば，値を求めることができることを思い出そう。

4 | 熱力学第三法則とエントロピーの絶対量

1．熱力学第三法則

　絶対温度0K（−273℃）では，粒子の熱運動が完全にストップする。この温度での完全結晶（格子欠陥がない）は，熱運動や粒子拡散の原点とみなせる。この状態がエントロピー0（ゼロ）の状態だ。

> ●熱力学第三法則
>
> 　絶対温度 0〔K〕での完全結晶はエントロピー値0

　これは，内部エネルギーやエンタルピーのときは算出不能だった絶対的な値が，エントロピーでは算出可能だという意味だ。

これ以上整然とした状態にはなれない！

●絶対温度0〔K〕の完全結晶はエントロピーゼロ

2．化学反応でのエントロピー変化量の求め方

　絶対温度0KでのSが0になることを利用すれば，化学反応における ΔS も算出可能だ。まず，各物質1molについて，**1気圧（0.101MPa），25℃におけるエントロピー**（標準絶対エントロピー S° という）を出しておく。この数値は，0Kから298K（25℃）まで物質を加熱していったときの温度上昇，状態変化に伴うエントロピー増加量の合計のことだから，式(8)，(10)を使って算出できる。後は，右左辺の S° の差をとれば，1気圧，25℃で起こる化学反応の**エントロピー増加量 ΔS** が求まる。

例➡ 1気圧25℃（298K）での反応　A ── B

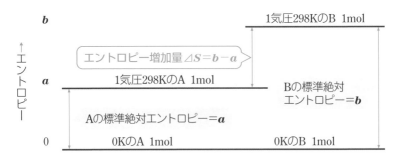

標準絶対エントロピーの値の一例を表に示そう。これより，エント
ロピーの値には，元素の種類や結合の形態などの化学的性質よりも，
むしろ，固体，液体，気体などの状態のちがいや分子の大きさなどの
物理的性質が影響することがわかる。これは，エントロピーが「熱運
動の広がり」という物理的要因で決まる数値だからだ。

■標準絶対エントロピー（25℃）

物質	S°〔J/(K・mol)〕	物質	S°〔J/(K・mol)〕
C（黒鉛）	5.7	CO（気体）	2.0×10^2
H_2O（液体）	70	CO_2（気体）	2.1×10^2
H_2O（気体）	1.9×10^2	N_2O_4（気体）	3.0×10^2
H_2（気体）	1.3×10^2		

S°：標準絶対エントロピー

5 ┃ 熱力学第二法則と自発変化

1．熱力学第二法則

　外部から働きかけが行われない系（＝孤立系）では，**いったん増え
たエントロピー S（＝乱雑さ）は，二度と減ることはない**。これが熱
力学第二法則の本質だ。

●熱力学第二法則

孤立系で起こる変化は必ず $\triangle S \geqq 0$

一度増加したエントロピーは二度と減らない

整然とした状態

二度と元にはもどれませんよ…

乱雑な状態

エントロピー（乱雑さ）小　　　エントロピー 大

2．熱運動の拡散

たとえば，断熱密閉容器で高温物体と低温物体が接したときは，熱は高温側から低温側へと移動し，逆向きには移動しない[1]。

●熱は高温側から低温側へと移る

3．粒子の拡散

図「可逆的な膨張・圧縮」であつかった拡散も，「粒子自身が移動して起こる，熱運動の拡散」と解せる[2]。

●「拡散」は，占める体積を増加させること

[1]：温度 T_1〔K〕の物体から温度 T_2〔K〕の物体へ熱 q が移ることを考えよう。

  P.174 式(5)より　$\triangle S = \dfrac{q}{T_2} - \dfrac{q}{T_1} \geqq 0$ ，よって $T_1 \geqq T_2$

高温（T_1）側から低温（T_2）側にしか熱は移動しないと証明できる。

[2]：P.175 式(7)より，$\triangle S = nR \log_e (V_2/V_1)$，$nR > 0$ だから，$\triangle S \geqq 0$ を満たすには $V_2/V_1 \geqq 1$。よって，はじめの体積 V_1 よりも，**後の体積 V_2 のほうが大きくなる変化しか起こらない**ことが証明される。

エアコンや冷蔵庫は低温側から高温側へと熱を移すから，この記述と矛盾すると思いま〜す。

4．孤立系でのエントロピー増加の運命

「孤立系」で考えなきゃいけないから，電力供給源まで含めた全体のエントロピー S を考える必要がある。たとえば，断熱，密閉された部屋で，燃料を燃やして発電機を回し，その電力で冷蔵庫をつけるとしよう。庫内は冷却によって S が減少するが，それ以上に庫外の S が増加することがわかるだろう。けっきょく，部屋全体の S は増加する。**関係あるものすべてを対象にすれば，必ず $\varDelta S \geqq 0$ なんだ。**

同様に，化学反応で系のエントロピー S が低下したときは，必ず外部（たとえば加圧装置）でそれ以上 S が増加してるんだ。

系全体では エントロピーは 増加する

エントロピーが減少しているように思えても…

「外部」を合わせれば全体では増加している

宇宙の外には何もないと仮定すると，宇宙全体は「孤立系」とみなせる。すると宇宙では，日々刻々とエントロピーが増大し，それは二度と元にはもどらないことがわかる。たとえば，高温物質の太陽から低温物質の周囲の惑星へとエネルギーが移動し続けているし，宇宙全体は膨張し続けているといわれている。つまり，我々は**「宇宙のエントロピー増加」**という絶対に後もどりできない環境におかれている。古来，人はその概念を「時間」で表現しているんだ。

まとめ

1. エントロピーとエンタルピーのちがい

熱 →

結合の形成
＝
エンタルピーHの増大

→ 再び熱や仕事などの
エネルギーに変える
ことができる

外部

仕事 ←
熱 →

熱の拡散，物質の拡散
＝
エントロピーSの増大

→ 一度増えたら
もう減らない

2. 熱力学の法則

●第一法則：エネルギーの総量は不変

変化前

変化後

「仕事 w」
「熱 q」（電気なども含む）

「内部エネルギーU」

同量

「内部エネルギーU'」

●第二法則：エントロピーは増え続ける

変化が起こる「系」

「外部」（エネルギー源）

「孤立系」

全体では，必ずエント
ロピーSが増大する方
向へ変化していく

●第三法則：エントロピーはどこで0になるかがわかる

OKの完全結晶はエントロピー0

↓

標準絶対エントロピー$S^{\ominus}$（＝絶対量）が算出可能

3. エントロピー変化量⊿Sの算出法

●物理変化（体積V，圧力p，絶対温度Tが変わる）の場合

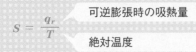

$$S = \frac{q_r}{T}$$

可逆膨張時の吸熱量

絶対温度

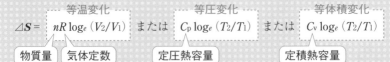

等温変化　　　　　　　　　　　等圧変化　　　　　　　　　　　等体積変化

$$\varDelta S = \boxed{nR \log_e (V_2/V_1)} \text{ または } \boxed{C_p \log_e (T_2/T_1)} \text{ または } \boxed{C_v \log_e (T_2/T_1)} =$$

物質量　　気体定数　　　　　　定圧熱容量　　　　　　　　　定積熱容量

●化学変化の場合

$$\varDelta S = \text{右辺の} S^{\ominus} \text{の合計} - \text{左辺の} S^{\ominus} \text{の合計}$$

標準絶対エントロピー

例題1 ▎**理想気体の等温混合**

　気体の混合におけるエントロピー変化は，各々の気体が真空に対して体積膨張したときのエントロピー変化の和に等しい。

　厚さの無視できる隔壁で2室に仕切られた容器が，0℃の一定温度に保たれていて，体積0.224m³のa室には1気圧の理想気体Aが，体積0.896m³のb室には1気圧の理想気体Bが入っている。

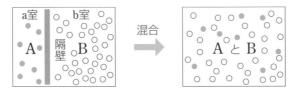

　隔壁をとりさることにより両容器を接続して気体A，Bを混合させると，エントロピーは何〔J/K〕増大するか。ただし，理想気体の等温混合におけるエントロピー増加⊿Sは，次式で算

出できる。また，0℃，1気圧（0.101MPa）における気体のモル体積＝0.0224〔m³/mol〕，気体定数R＝8.31〔J/(mol・K)〕，$\log_e 1.25 = 0.223$，$\log_e 5 = 1.61$とする。

$$\varDelta S \quad = \quad nR \log_e (V_2/V_1)$$

エントロピー〔J/K〕 V：体積〔m³〕 $[V_1$：膨張前，V_2：膨張後$]$
物質量〔mol〕　気体定数〔J/(mol・K)〕

解答 208〔J/K〕

解説 本文P.161「2 等温圧縮，等温膨張」で説明したとおり，まず気体A，Bそれぞれについて，外圧0のもとで体積を0.224＋0.896＝1.12m³まで等温膨張するときのエントロピー変化を算出する。

$$A：\varDelta S_A = nR \log_e (V_2/V_1) = \frac{0.224}{0.0224} \times 8.31 \times \log_e \frac{1.12}{0.224} = 133.7 〔J/K〕$$

$$B：\varDelta S_B = nR \log_e (V_2/V_1) = \frac{0.896}{0.0224} \times 8.31 \times \log_e \frac{1.12}{0.896} = 74.12 〔J/K〕$$

$$\varDelta S = \varDelta S_A + \varDelta S_B = 133.7 + 74.1 = 207.8 〔J/K〕 \quad \Rightarrow \quad \mathbf{208〔J/K〕}$$

例題2 ┃ **エントロピー変化**

　本文中のP.178 表 「標準絶対エントロピー」を用い，下記の反応が25℃で，係数と同じモル量だけ起こったときのエントロピー変化を，符号とともに有効数字2桁で求めよ。

　C（固体・黒鉛）＋ H₂O（気体）⟶ CO（気体）＋ H₂（気体）

解答 $+1.3 \times 10^2$〔J/K〕

解説 変化量は「後の値からはじめの値を引く」と定義されているので，右辺の絶対標準エントロピー $S°$ の合計から，左辺のそれを引く。$S°$は1molあたりの値だから，物質量（ここでは係数）をかける。

$$\varDelta S = 2.0 \times 10^2 + 1.3 \times 10^2 - (5.7 + 1.9 \times 10^2) = 134$$

$$+1.3 \times 10^2 〔J/K〕$$

　エントロピーが大きく増加するのは，反応が進むと気体分子が増える（はじめはH₂O 1mol，最後はCOとH₂で2mol）からだ。

③ ギブズエネルギー 🎓

　主婦が揚げ物をしたがらない理由は，「油が勢いよくはねて，危険だし汚くなる」からだという。「油がはねる」とはどういうことだろう。また，その「勢い」はどこからくるのだろう。

　本節では，ギブズエネルギーをあつかおう。**反応が左右どちら向きに進行するかは**，エンタルピー変化とエントロピー変化から導かれるギブズエネルギーの変化量が正か負かをみればわかる。また，この変化量の大小によって，反応の激しさ（外部になす仕事）もわかる。

1 ┃ ギブズエネルギー

1. ギブズエネルギーとは

「ギブズエネルギー（記号 G）」とは，物質がもつ「仕事をする能力」のことだ。**物質が化学反応をすれば，ギブズエネルギー G は減少し，その減少分だけ外部に仕事がなされる。**

> **反応時に外部になされる仕事**
> **＝ギブズエネルギー減少量（$-\Delta G$）**

　では，ギブズエネルギー変化（$-\Delta G$）はどのような数値で表せるのだろうかを考えてみよう。

2. エンタルピー変化に際する仕事

　化学反応に際しては，エンタルピー H が変化する。**H が減少（＝ΔH が負）のとき外部にエネルギーを放出する**んだった。それは「熱」か「仕事」（正確には非膨張仕事）の形で放出されるが，今は仕事を考えているから，全部仕事の形で放出されるものと考えよう。すると，

> **エンタルピー変化に際して外部になされる仕事＝ $-\Delta H$**

と表せる。

3. エントロピー変化に際する仕事

エントロピー S 増加に際しては、まず系が外部に対して「仕事」を
し、そのエネルギーを「熱 q_r」の形で吸収して、もとの温度にもどる
んだった。すると、式(5)（$\triangle S = q_r / T$）より、

エントロピー S の変化に際して外部になされる仕事 $= q_r = T \triangle S$

と表せる。したがって、化学反応に際し「系」が外部にできる仕事は
両者の合計になる。

```
●ギブズエネルギー減少量

    $-\triangle G = -H + TS$                    ……(1)

ギブズエネルギー減少量
 （等温・等圧での化学反応に際し、系が外部に対して行える仕事）
```

ギブズエネルギーって、何の役に立つんですか？

その条件で反応が起こるかどうかを推測するのに使えるんだ。簡単
な例として、状態変化である水の蒸発を説明しよう。

2 | **水の蒸発と凝縮**

1. 50℃の水

次の図のように、ピストン付き密閉容器の中に 1 mol の液体の水が
入っている。容器内の圧力は、常に 1 気圧に保たれている。この容器
の温度を変えて変化が起こるかどうかを、数値を使って考えてみよう。

水の蒸発に際するエンタルピー変化 $\triangle H$、エントロピー変化 $\triangle S$ は、
温度が多少変わってもほぼ一定で、以下のとおりだ。

H_2O （液体） $\longrightarrow$ H_2O （気体） $- 41$ 〔kJ〕
$\triangle H = 41$ 〔kJ/mol〕、 $\triangle S = 0.11$ 〔kJ/(mol・K)〕

まず，温度を50℃（323K）に保つ。このとき，仮に蒸発が起こるとして，まずエンタルピー変化に由来する仕事−ΔHを求めると，

$$-\Delta H = -41 \ [\text{kJ/mol}]$$

となる。これは，「蒸発するためには1 molあたり41〔kJ〕の仕事を外部からしてもらわないとだめですよ」という意味だ。一方，エントロピー変化に由来する仕事$T\Delta S$を求めると，

$$T\Delta S = 323 \times 0.11 \fallingdotseq 36 \ [\text{kJ/mol}]$$

となる。これは，「蒸発が起これば，1 molあたり36〔kJ〕まで仕事をすることができますよ」という意味だ。この仕事を−ΔHに振り向けても，あと5〔kJ/mol〕分を熱以外の形（超音波など）で供給しないかぎりは，蒸発は起こらない*。この温度ではむしろ，水蒸気が凝縮して液体の水になるほうの変化が起こるんだ。

ギブズエネルギー変化は，この「あと5〔kJ/mol〕」の部分を表す。

$$-\Delta G = -\Delta H + T\Delta S = -41 + 36 = -5 \ [\text{kJ/mol}]$$

＊：今は密閉された容器だから，沸点に達するまで蒸発は起こらない。ふたのない容器では100℃以下でも蒸発が起こるが，それは空気中のH_2Oの圧力（分圧）が1気圧より低いからだ。

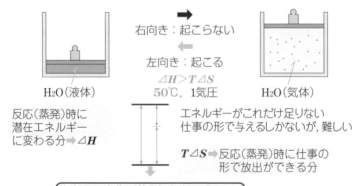

右向き：起こらない
左向き：起こる
$\Delta H > T\Delta S$
50℃，1気圧

H_2O（液体）　　　　　　　　　　　　　　H_2O（気体）

反応（蒸発）時に潜在エネルギーに変わる分 ⇒ ΔH

エネルギーがこれだけ足りない
仕事の形で与えるしかないが，難しい

$T\Delta S$ ⇒ 反応（蒸発）時に仕事の形で放出ができる分

右向きの変化（蒸発）は起こらない。

●H_2Oの蒸発，凝縮（50℃）

2．150℃の水

一方，下の図のように，一瞬のうちに温度を150℃まで上げ，その温度を保ったとすればどうなるか。150℃（423K）では，

$$-\varDelta H = -41〔kJ/mol〕$$

$$T\varDelta S = 423 × 0.11 ≒ 47〔kJ/mol〕$$

となる。このときは，エントロピー変化に際して放出される仕事47〔kJ/mol〕のうち，41〔kJ/mol〕分を$-\varDelta H$に振り向けて蒸発（今の場合は特に沸騰）が起こる。そして，「余った6〔kJ/mol〕分」は，**外部に対して仕事の形で放出される**。具体的には，仕事は体積増加の瞬間に働く撃力の形で放出されるから，ピストンは激しくもちあげられ，その上に重りが置いてあったとしたら，吹き飛ばされてしまうこともあるだろう。

ギブズエネルギー変化は，この「余った6〔kJ/mol〕」の部分を表す。

$$-\varDelta G = -\varDelta H + T\varDelta S = -41 + 47 = 6〔kJ/mol〕$$

100℃を超すてんぷら油に水滴（水分を含む食材）を入れたときも同様に，水は勢いよく沸騰し（これを「突沸」という），その勢いで周囲の油が吹き飛ぶ。1気圧のもと，高温の油で揚げるかぎり，この現象をなくすことは難しいだろう。

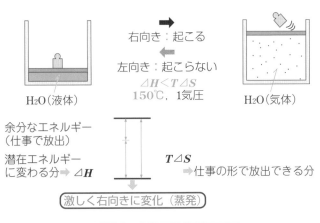

●H_2Oの蒸発，凝縮（150℃）

❸ | ギブズエネルギー変化量と反応が起こる方向

上記より，ギブズエネルギー変化量が負の値（＝ $-\triangle G$ が正の値）であれば**反応は右に進み**，正の値であれば**左に進む**ことがわかった。

┌─ ●ギブズエネルギー変化量と反応が起こる方向 ─

❶ $\triangle G$ が正 ➡ 反応は**右には進行しない**（＝左に進行）

❷ $\triangle G$ が負 ➡ 反応は**右に進行** ➡ $\boxed{-\triangle G\text{だけ仕事を行う}}$

　　　　　　　　　　　　　　　　　　　　　　↑
　　　　　　　　　　　　1mol反応するごとに，外部に対して

イメージ的には，$T\triangle S$ を「給料」に，$\triangle H$ を「貯金する額」とすると，上記の❶，❷は次のような感じになる。

❶ $T\triangle S$ （給料）$<\triangle H$ （貯金）➡ 無理

❷ $T\triangle S$ （給料）$>\triangle H$ （貯金）➡ $\boxed{可能}$　（あまりは好きに使える）

反応する（遊ぶ）には，$\triangle H$（貯金）以上の $T\triangle S$（稼ぎ）が必要

容器内を100℃ぴったりに保ったときは，どちら向きに進むんですか？

❹ | 平衡状態（蒸発平衡）

前記の水の蒸発で，ちょうど100℃の状態（➡図）では，

$$\triangle H = T \triangle S \quad (\triangle G = 0)$$

となって，みかけ上はどちら向きの変化も起こらなくなる。じつは，蒸発の速度と，凝縮の速度が一致した「平衡状態」になるんだ。

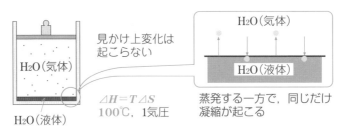

●H₂Oの蒸発平衡

　1気圧のもとでは，水は100℃を境に，それよりも無限小だけ温度を上げれば全部蒸発（沸騰）し，無限小だけ温度を下げれば全部凝縮する。「沸点」というのは平衡状態の温度，つまり液体，気体どちらに転ぶか（＝どちらの状態で存在するか）の境目の温度をいうんだ。

　つまり，ギブズエネルギー変化$\triangle G$の値が0になる条件を探せば，それより**高温では$\triangle H$が正になる変化**（吸熱反応）が，**低温では$\triangle H$が負になる変化**（発熱反応）が起こるのだとわかる。

5 ｜ 化学ポテンシャル

　純物質の蒸発や凝固などの相平衡では，$\triangle G = 0$のときだけが平衡状態であり，これを境に，全部固体，全部液体，全部気体に変化した。

　これに対して，化学反応など，2種以上の物質が混じった混合物が行う変化では，$\triangle G = 0$のときだけが平衡状態というわけではなくなる。このときは化学ポテンシャルというものを考えなければならない。

　物質1つ1つについて，1 molあたりのギブズエネルギー（25℃の単体を0とおく相対的な値）を決めたものを，化学ポテンシャル〔μ〕という。平衡時には，反応物質の化学ポテンシャルの和と，生成物質の化学ポテンシャルの和が等しくなることを利用すると，**どこまで反応が進行して平衡に達するのか**がわかる。

6 | ヘルムホルツエネルギー

　エンタルピー変化ΔHは，等温・等圧で変化が起こるときの値だった。ところで，実験室や工場では，化学反応を体積一定の密閉容器で行う場合もある。等温・等体積で圧力が変わってしまうときは，エンタルピーHのかわりに内部エネルギーUを使わなければならない。そのとき反応が起こるかどうかは，Hを用いたギブズエネルギーのかわりに，Uを用いたヘルムホルツエネルギー（記号はA）の変化量で考える。

●ヘルムホルツエネルギー減少量

$$-\Delta A = -\Delta U + T\Delta S \qquad \cdots\cdots(2)$$

ヘルムホルツエネルギー減少量

（等温・等体積での反応に際し，系が外部に対して行える仕事）

---

7 | エネルギーを熱の形でとりだす場合

　仕事はやがて熱に変わる。反応後，十分な時間放置すれば反応で生じた仕事を熱の形でとりだすことも可能だが，そのときは増大したエントロピーを補う吸熱分を忘れてはいけない。けっきょく仕事を熱に変えてしまったら**エントロピー変化ΔSは関係なくなり***，等温・等圧なら$-\Delta H$，等温・等体積なら$-\Delta U$だけの熱が外部に出てくる。

*：たとえば高圧気体が断熱膨張するとき，膨張によるエントロピー増大分は，外部に対する仕事に変わる。次に，増大したエントロピーの分だけ熱が吸収されるから，膨張気体の温度は下がる。そのまま放置すれば，外部ではエントロピー増大分の仕事が熱に変わり，膨張気体が吸収した熱と相殺される。けっきょくトータルでみれば，エントロピー変化に際する熱の出入りはないのである。

1．$T\varDelta S$，$\varDelta H$，$\varDelta G$の意味

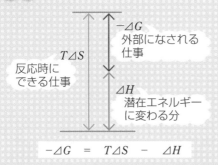

$$-\varDelta G \;=\; T\varDelta S \;-\; \varDelta H$$

2．水の蒸発（H，Sとも増加する変化）におけるギブズエネルギー変化$\varDelta G$

$$H_2O（液体）= H_2O（気体）- 41〔kJ〕$$

$$\varDelta H = 41〔kJ/mol〕，\quad \varDelta S = 0.11〔kJ/(mol・K)〕$$

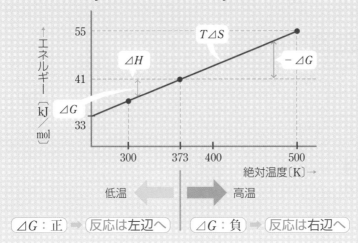

例題1 ▎ **ギブズエネルギー変化** ━━━━━━━━━━━━

　1気圧，1000Kで，次の反応が起こるとき，ギブズエネルギー変化（ΔG）をそれぞれ求めよ。

(1)　C（黒鉛）＋ 1/2O_2（気体）＝ CO（気体）＋ 110〔kJ〕

　　ΔS＝0.090 〔kJ/(K・mol)〕，ΔH＝－110〔kJ/mol〕

(2)　CH_4（気体）＋ 2O_2（気体）＝ CO_2（気体）＋ 2H_2O（気体）

　　ΔS＝－0.0040 〔kJ/(K・mol)〕，ΔH＝－850〔kJ/mol〕

解答　(1)　ΔG＝－200〔kJ/mol〕　(2)　ΔG＝－846〔kJ/mol〕

解説　(1)　$-\Delta G = T\Delta S - \Delta H = 1000 \times 0.090 - (-110) = 200$

外部に200〔kJ/mol〕の（非膨張）仕事を放出しながら反応が起こる。

(2)　$-\Delta G = T\Delta S - \Delta H = 1000 \times (-0.0040) - (-850) = 846$

内燃機関でもこれと同様の反応が起こる。この反応は等温・等圧なら気体の総体積が増えない反応だが，反応時に$-\Delta G = 846$kJ/molの一部が熱に変わって断熱膨張が起こり，残りのエネルギーが撃力の形で壁に対して仕事をするので，ピストンを押し動かすことができる。

例題2 ▎ **反応の方向** ━━━━━━━━━━━━

　下記の反応が1気圧で右向きに進行する温度条件を，ギブズエネルギーの考察から求めよ。

　　N_2O_4（気体）＝ 2NO_2（気体）－ 56.7〔kJ〕

　　ΔS＝0.176 〔kJ/(mol・K)〕

解答　322K（49℃）以上の温度

解説　$\Delta G = 0$になるときの温度をT〔K〕とおくと，$\Delta H = -Q = 56.7$〔kJ/mol〕だから，

　　$0 = T\Delta S - \Delta H = T \times 0.176 - 56.7$　　$T = 322.1$〔K〕

　ただし，沸騰のような状態変化とはちがい，49℃より低い温度でもNO_2はある程度存在するし，49℃より高い温度でもN_2O_4はある程度存在する。49℃前後の温度では，N_2O_4とNO_2が共存した平衡状態になるんだ（➡P.189「**5** 化学ポテンシャル」）。

第3講 反応速度，化学平衡

0 化学平衡の法則が認められるまで

　ノルウェーの数学者グルベルグと化学者ワーゲは，オスロ市のクリスチャニア大学で研究する義兄弟だった。1864年，2人は学会誌にある論文を投稿し，自分たちの考えを世に問うたが，学界からは何の反応もなかった。そこで，今度はフランスの学会誌にフランス語で論文を掲載したが，やはり反響はなかった。彼らはさらに研究を発展させ，みずからの説を体系的に展開した長編の論文をフランス語で掲載するのだが，またしても学者たちは彼らの説に目を留めなかった。

　肩を落とす2人だったが，時代は彼らを見捨てなかった。「化学反応は常に一方向に進むのではなく，反応の種類と，濃度などの反応条件によって，どこまで反応が進行するかが決まってくる」という彼らの説を裏づける研究結果が，その後次々に発表されたのだ。そこで彼らは1879年，12年前と同じ内容の論文をドイツの論文誌にドイツ語で投稿したところ，大反響をよんだ。

　この研究が呼び水となって，やがて熱力学が発展し，反応の進行方向や進行度を正確に予測できる理論体系が築かれた。それまで実験主体だった化学という学問に，はじめて数学の感覚をもちこんだ彼らのこの法則は，「化学平衡の法則」とよばれる。

「第3講」では，化学平衡の法則をあつかう。この法則を用いれば，どんな反応でも，どんな反応条件でも，その反応がどこまで進行するのかが正確に予測できるんだ。

① 化学平衡の法則

　大人になると身長，体重が一定になり，成長が止まるといわれるが，これは新陳代謝が止まるという意味じゃない。細胞は日々新陳代謝を繰り返しているが，1日の間に増える細胞の数と，減る細胞の数が等しいから成長しなくなったようにみえるんだ。

　化学反応でも，反応が途中で進行しなくなり，みかけ上停止することがある。じつは，**逆向きの反応が同じ速度で起こっているから停止したようにみえる**んだ。この状態を化学平衡の状態という。

　ここでは，平衡をあつかおう。前講までは，反応の前と後にしか目を向けなかったが，本講では反応の過程に目を向けよう。

1 ｜ 不可逆反応と可逆反応

1．不可逆反応

　たとえば，容器に水素 H_2 と塩素 Cl_2 各 1 mol を入れ強い光を浴びせると，下記の反応が起こって H_2 と Cl_2 は完全に消失する。

　右のように，反応物質のいずれかがなくなるまで反応が進行し，**逆向きの反応が起こらないものを不可逆反応** * という。

	H_2	+	Cl_2	$\longrightarrow$	$2HCl$	
はじめ	1		1		0	〔mol〕
反応後	0		0		2	〔mol〕

＊：不可逆反応とは，「右向きに反応する分子の数に対し，左向きの数が無限に小さく無視できる」反応であり，1分子たりとも逆反応をしないわけではない。また，条件を変えれば左向きの反応も起こりうる。たとえば上式の場合は，HCl水溶液の電気分解を行えば，反応を左向きに進めて H_2 と Cl_2 をつくることができる。つまり，反応が進む向きや，可逆か不可逆かは一義的には決まらず，反応条件によって変わる。

2．可逆反応

右向きにも左向きにも反応が起こるものを可逆反応という。

たとえば，容器に H_2 とヨウ素 I_2 各 1mol を入れて 500℃ に保つと，次の反応が起こり H_2 と I_2 は徐々に減少するが，完全に消失する前に反応が停止してしまい，ヨウ化水素 HI は 1.6mol しかできない。

	H_2	+	I_2	$\rightleftharpoons$	2HI	
はじめ	1.0		1.0		0	〔mol〕
平衡時	0.2		0.2		1.6	〔mol〕

 なぜ途中で反応が止まってしまうんですか？

じつは，「反応が停止した」というのは「みかけ上」なのであって，**右向きの反応と左向きの反応が同じ速度で起こっている**んだ。反応が起こらなくなったわけじゃない。この状態を化学平衡の状態という。図は，上の反応について，反応開始から平衡時にかけての反応速度の変化を表したものだ。

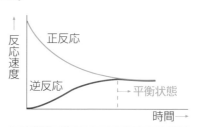

●H_2 + I_2 $\rightleftharpoons$ 2HI の反応速度の推移

この図から，反応開始時は H_2 と I_2 しかないから右向きの反応だけが起こるが，徐々に HI が生じるため左向きの反応も起こりはじめ，最後には両方向とも同じ反応速度になってみかけ上反応が停止する（＝平衡状態になる）ことがわかる。

反応が進む方向は,「第2講」であつかったギブズエネルギー変化量が正か負かで決まるはずなのに,なぜ両方向に反応が起こるんですか？

　ギブズエネルギーは,左辺の反応物質のみが存在する状態と,右辺の生成物質のみが存在する状態とを比べているだけなんだ。反応が進んで**反応物質と生成物質の混合物**になってきたら,各物質のギブズエネルギーに物質量をかけあわせた「化学ポテンシャル」で考えなきゃならない。物質量が増減すれば,左辺の化学ポテンシャルも増減し,右辺と左辺の化学ポテンシャルが一致したところで平衡状態になるんだよ。

どこで平衡状態になるのかを,予測することってできますか？

　可逆反応がどこで平衡状態に達するかを予測するためには,まず正反応と逆反応の反応速度を予測することが必要だ。では,反応速度を予測するにはどうしたらいいか考えてみよう。

2 | 反応速度を決める因子

1. 反応が起こるときの様子

反応速度を予測するには，その要因を知ることが必要だ。そこで，化学反応（＝**原子の組み換え**）がいかにして起こるのかを考えよう。

「第1講」の「化学反応とエネルギー」で反応熱を表すのに使ったエネルギー図に，原子が組み換わる瞬間のエネルギー状態をかきこむと図のようになる。

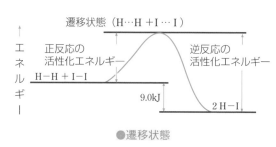

遷移状態（H…H ＋ I…I）

エネルギー

正反応の活性化エネルギー

逆反応の活性化エネルギー

H－H ＋ I－I

9.0kJ

2 H－I

●遷移状態

化学反応が起こるとき，原子は，既存の結合を残しつつ新しい結合をつくりかける「遷移状態」を経て組み換わる。反応物質を遷移状態にするために最低限必要なエネルギーを活性化エネルギーという。**反応速度は，活性化エネルギー以上の運動エネルギーをもつ分子どうしが衝突をする頻度に比例する**といえる。この頻度に影響する要因は，**❶ 反応物質の濃度**と，**❷ 反応温度**，**❸ 触媒**の3つだ＊。

＊：反応物質が固体の場合は，濃度のかわりに接触面積を考える。

2. 反応速度とその要因との関係

❶ 濃　　度

高濃度になると，**分子の衝突頻度が増す**ので，**反応速度も増す**。

❷ 温　度

　高温では，分子の運動速度が増すため全体の衝突頻度が増す。また，分子の熱運動が激しくなり，活性化エネルギー以上のエネルギーをもった分子の割合も増すので，分子が衝突したとき遷移状態になる割合も増し，反応速度は飛躍的に増す。

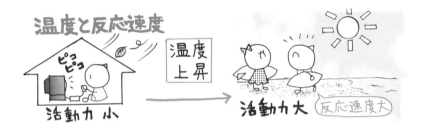

❸ 触　媒

　触媒を加えると，活性化エネルギーが低下し，分子が衝突したとき遷移状態になる割合が増すため反応速度が増す*。

＊：触媒は，反応物質どうしをひきあわせる働きをし，反応が終わると元の形と量にもどる。いわば仲人みたいな存在だ。

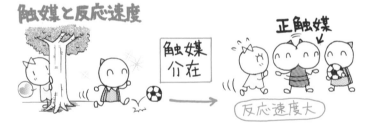

　以上の要因が反応速度にどう影響するかを数式で表現できれば，反応速度や平衡状態を予測することができる。以下，順に考えていこう。

❸ │ 濃度と反応速度，平衡との関係式

　温度，触媒の要因を一定にしておいて，濃度と反応速度，平衡との関係式をつくってみよう。

1. 反応速度式

例➡の化学式の右向きの反応の反応速度 v_1, 左向きの反応速度 v_2 と濃度との関係は, それぞれ以下の反応速度式で表すことができる。

●反応速度式

例➡ H_2 + I_2 $\rightleftharpoons$ 2HI （この反応は素反応[*1]）

右向きの反応の反応速度式：$v_1 = k_1 [H_2][I_2]$
左向きの反応の反応速度式：$v_2 = k_2 [HI]^2$

v_1, v_2：反応速度
k_1, k_2：反応速度定数（温度, 触媒によって変わる定数）
$[H_2]$, $[I_2]$, $[HI]$：H_2, I_2, HIのモル濃度〔mol/L〕

このように, **反応速度は, 反応を起こす物質の濃度〔mol/L〕の積に比例する**[*2]。その比例定数が反応速度定数 k なんだ。もし温度, 触媒の条件を変えたときはこの k の値が変わり, 同濃度での反応速度が変わってくるんだ。

＊1：遷移状態を1回だけ経る反応を素反応といい, 複数の遷移状態（＝素反応）を経る反応を多段階反応という。多段階反応では, その中でいちばん活性化エネルギーの大きな（＝反応の遅い）素反応が, 全体の反応速度を決めてしまう。この素反応を律速段階という。
＊2：**多段階反応全体の反応式から反応速度式をつくることはできない**。律速段階となる素反応の反応式からつくる必要がある。

反応速度はなぜ濃度〔mol/L〕の和や平均ではなく, 積に比例するんですか？

右の図をみて
みよう。仮に，
容器にH₂，I₂各
１分子を入れ一
定温度に保った
（＝一定の激し
さで熱運動して
いる）とき，H₂

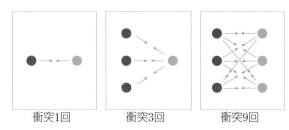

衝突1回　　　　衝突3回　　　　衝突9回

●衝突頻度は濃度の積に比例する

とI₂が１秒間に１回衝突していたとする。もしH₂を３分子に増やし
たら，H₂とI₂の衝突は１秒に３回起こるようになるはずだ。さらにI₂
の濃度も３倍に増やせば，H₂とI₂の衝突は１秒間に３×３＝９回起こ
るはずだ。

　このように，衝突頻度は濃度の「積」に比例する。したがって，衝
突頻度に比例する**反応速度も，反応物質の濃度の積に比例する**んだ。

2．化学平衡の法則

　平衡状態では，右向きの反応の反応速度（v_1）と，左向きの反応
の速度（v_2）が一致するので，反応，生成物質の濃度の間に新たな
関係式が成立する。

例➡ 　$H_2 \ + \ I_2 \ \rightleftarrows \ 2HI$

　　　$v_1 = k_1 \, [H_2][I_2], \ v_2 = k_2 \, [HI]^2$

　平衡時は$v_1 = v_2$だから，$k_1[H_2][I_2] = k_2[HI]^2$，さらに変形すると，
次のようになる。

┏━●化学平衡の法則 ━━━━━━━━━━━━━━━━━━━━━

$$\frac{k_1}{k_2} = K = \frac{[HI]^2}{[H_2][I_2]}$$

右辺物質のモル濃度〔mol/L〕の積*

左辺物質のモル濃度〔mol/L〕の積*

　[A]：物質Aのモル濃度〔mol/L〕

　K 　：平衡定数（温度によって変わる定数）

＊：**左辺物質の濃度を分母，右辺物質の濃度を分子**にとると決まっている。したがって，右辺と左辺を逆にした式をつくると（$H_2 + I_2 \longrightarrow 2HI$ を $2HI \longrightarrow H_2 + I_2$ にかきかえると）平衡定数の値も逆数になる。つまり，平衡定数の値は反応式のかき方によっても変わるが，それらは相互に数値変換できる。また，**化学平衡の法則は，多段階全体の反応式を用いても成立する。** なぜなら，平衡時にはすべての素反応が平衡状態になっており，素反応の化学平衡則の式を合成していけば，多段階反応全体の反応式を用いた化学平衡則の式になるからだ。

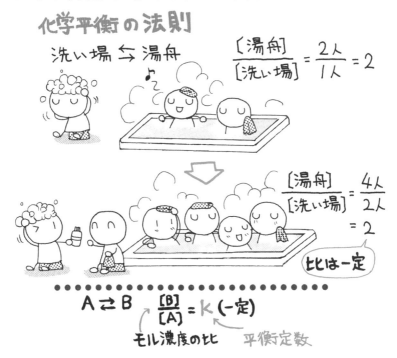

4 ┃ 温度と反応速度，平衡との関係式

　反応速度式（$v_1 = k_1[H_2][I_2]$ など）の反応速度定数 k や，化学平衡則（$K = [HI]^2/[H_2][I_2]$ など）の平衡定数 K は，温度によって変化する＊。そこで，k や K と温度との関係式を導けば，**温度と反応速度，平衡状態との関係が把握できる**ことになる。

＊：反応速度定数 k は触媒によっても変わるが，**平衡定数 K は触媒の影響を受けない。** 触媒は反応速度を変えるが，平衡状態には無関係だ。

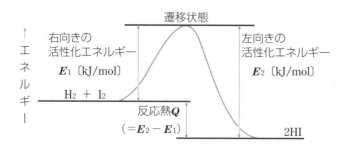

例→ $H_2 + I_2 \rightleftarrows 2HI$

右向きの反応の速度定数：k_1

左向きの反応の速度定数：k_2

温度，触媒によって変わる定数

遷移状態

↑ エネルギー

右向きの活性化エネルギー E_1〔kJ/mol〕

左向きの活性化エネルギー E_2〔kJ/mol〕

$H_2 + I_2$

反応熱Q
$(= E_2 - E_1)$

2HI

1．アレニウスの式

反応速度定数と温度の間には，次の式のような関係がある。この式は以降重要になるので記憶に留めておこう。

● 反応速度定数 $\dfrac{\mathrm{d}k}{\mathrm{d}T}$ と温度の関係式

$$\frac{\mathrm{d}k}{\mathrm{d}T} = \frac{Ek}{RT^2} \qquad \cdots\cdots(1)$$

E：活性化エネルギー〔kJ/mol〕

R：気体定数8.31×10^{-3}〔kJ/(mol・K)〕

k：反応速度定数，T：絶対温度〔K〕，$\mathrm{d}k$，$\mathrm{d}T$：k，Tの微小変化

これを微分方程式にして解くと，以下の式に変形できる。

移項

$$\frac{\mathrm{d}k}{\mathrm{d}T} = \frac{E\,\boxed{k}}{RT^2}, \quad \frac{1}{k}\,\mathrm{d}k = \frac{E}{R} \cdot \frac{1}{T^2}\,\mathrm{d}T, \quad \int \frac{1}{k}\,\mathrm{d}k = \frac{E}{R}\int \frac{1}{T^2}\,\mathrm{d}T$$

移項

変数分離といって，普通に移項ができる

両辺を積分すると式(2)になる

202

$\dfrac{1}{x}$ を積分すると$\log_e x$ 　　　　　積分定数

$$\log_e k \;=\; -\,\dfrac{E}{RT} \;+\; A \qquad\qquad \cdots\cdots(2)$$

$\dfrac{1}{x^2}$ を積分すると$-\dfrac{1}{x}$

k：反応速度定数，E：活性化エネルギー〔kJ/mol〕，A：定数，
R：気体定数 8.31×10^{-3}〔kJ/(mol·K)〕，T：絶対温度〔K〕

そもそも式(1)がなぜ成り立つのかがわかりませーん。
この式を理論的に導くことはできるんですか？

2．マクスウェルの分布とボルツマンの式

　マクスウェルは，一定温度のもとでも気体分子の運動エネルギーにはバラツキがあることをみいだした（図）。反応は，図中の活性化エネルギー E よりも大きなエネルギーをもつ分子が衝突したときに起こる。

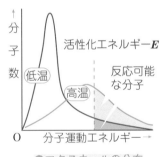

●マクスウェルの分布

　このマクスウェルの分布を応用したボルツマンの式によると，E 以上のエネルギーをもつ分子の存在確率Pは以下の式で与えられる。

$$P = \exp\,(-E/RT) \qquad (R：気体定数，\; T：絶対温度)$$

「自然対数の底eの $-E/RT$ 乗」という意味

　濃度，触媒条件一定なら，反応速度はPに比例する。つまり，反応速度定数kがPに比例する。したがって，以下の式が導ける。

$$k = a\,P = a\exp(-E/RT) \qquad (k：反応速度定数，\; a：比例定数)$$

両辺の自然対数をとり，$\log_e a = A$ とおくと式(2)が導かれ，式(2)を微分すれば式(1)が導かれる。当初経験式だった式(1)は，このようにマクスウェル・ボルツマンの気体分子運動論によって立証されたんだ。

遷移状態は反応途中に一瞬できるものだから，活性化エネルギーの値 E は実測できないですよね？　したがって，アレニウスの式は実用的ではないと思いま～す。

3．活性化エネルギーの求め方（アレニウスプロット）

活性化エネルギーは実測できない値だけど，アレニウスの式を使えば，実測可能な T と k の値を使って算出できる。これは，「$y = ax + b$」の a を求める方法と同じだ。何組かの y と x の値がわかっていれば，グラフにプロットして傾き a を割り出すことができる。

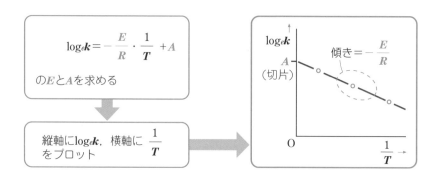

$$\log_e k = -\frac{E}{R} \cdot \frac{1}{T} + A$$

の E と A を求める

縦軸に $\log_e k$，横軸に $\dfrac{1}{T}$ をプロット

傾き $= -\dfrac{E}{R}$

活性化エネルギー E や，定数 A を一度求めてしまえば，以降はこの式を使って各温度の反応速度定数 k を算出し，**温度を変えたら反応速度がどう変わるのかを自由自在に予測できる**ようになる。

4．平衡定数と温度の関係式

アレニウスは，平衡定数 K と温度 T との間に次の関係があることを経験的にみいだした。

●平衡定数と温度の関係式 1

$$\frac{dK}{dT} = \frac{\varDelta H\, K}{RT^2} \quad\quad \cdots\cdots(3)$$

K：平衡定数，$\varDelta H$：反応エンタルピー〔kJ/mol〕

R：気体定数 8.31×10^{-3}〔kJ/(mol·K)〕（単位に注意）

T：絶対温度〔K〕，dK，dT：K，Tの微小変化

　この式は式(1) $\dfrac{dk}{dT} = \dfrac{Ek}{RT^2}$ と似ている。じつは，アレニウスがはじめに誘導した経験式はこの式(3)のほうで，式(1)はこれを変形してつくったんだ。式(3)を式(1)➡式(2)と同様に変形させれば，式(4)が得られる。

●平衡定数と温度の関係式 2

$$\log_e K = -\frac{\varDelta H}{RT} + A' \quad\quad \cdots\cdots(4)$$

K：平衡定数，$\varDelta H$：反応エンタルピー，A'：定数，

R：気体定数 8.31×10^{-3}〔kJ/(mol·K)〕，T：絶対温度〔K〕

　式(3)より，反応エンタルピー $-\varDelta H$ が負の値（＝右向きの反応が発熱）であれば，**低温（T：小）で平衡定数の値が大きくなる（K：大）**ことがわかる。平衡定数が大きくなれば，平衡は反応式の右辺の側（＝発熱反応の側）に移動する。一般に，低温では発熱側に平衡が移動するが，この式を用いれば，具体的に**どれだけ平衡が移動するか**までわかるんだ。

濃度と反応速度，平衡との関係

$$\text{H}_2 + \text{I}_2 \rightleftharpoons 2\text{HI}$$

— 濃度と反応速度の関係 —

$$v_1 = k_1 [\text{H}_2][\text{I}_2] \cdots\cdots \text{❶}$$ 　右向きの反応

$$v_2 = k_2 [\text{HI}]^2 \cdots\cdots \text{❷}$$ 　左向きの反応

— 温度と反応速度の関係 —

$$\log_e k_1 = -\frac{E_1}{RT} + A_1 \\ \cdots\cdots \text{❹}$$

$$\log_e k_2 = -\frac{E_2}{RT} + A_2 \\ \cdots\cdots \text{❺}$$

v_1, v_2 ：反応速度　　$[\text{H}_2], [\text{I}_2], [\text{HI}]$：$\text{H}_2,\ \text{I}_2,\ \text{HI}$ のモル濃度〔mol/L〕

k_1, k_2 ：反応速度定数（温度と触媒条件で変わる定数）

E_1, E_2 ：正反応，逆反応の活性化エネルギー〔mol/L〕

R 　　　：気体定数〔kJ/(mol・K)〕　　A_1, A_2：定数

— 濃度と平衡の関係 —

平衡時は $v_1 = v_2$ だから，
❶❷式の右辺どうしも
等しい

$$k_1 [\text{H}_2][\text{I}_2] = k_2 [\text{HI}]^2$$

$$\frac{k_1}{k_2} = K = \frac{[\text{HI}]^2}{[\text{H}_2][\text{I}_2]} \\ \cdots\cdots \text{❸}$$

— 温度と平衡の関係 —

$$\frac{\mathrm{d}K}{\mathrm{d}T} = -\frac{\varDelta H\,K}{RT^2} \quad \text{または}$$

❹式－❺式より

$$\log_e K = -\frac{\varDelta H}{RT} + A' \cdots\cdots \text{❻}$$

$K = k_1/k_2$ 　　　：平衡定数

$\varDelta H (= E_1 - E_2)$：反応熱〔kJ/mol〕

A' 　　　　　　：定数（$= A_1 - A_2$）

例題1 ┃反応速度と反応速度定数

過酸化水素 H_2O_2 の分解反応は不可逆反応であり，その反応式と反応速度式は以下のように表される。

〈反応式〉：$2H_2O_2 \longrightarrow 2H_2O + O_2$

〈反応速度式〉：$v = k[H_2O_2]$

(1) 反応式をみると，この反応は，あたかも2分子の H_2O_2 の衝突によって引き起こされる二次反応のようにみうけられるが，実際に触媒を用いたときのこの反応は一次反応であり，反応速度は H_2O_2 の1乗に比例する。なぜ一次反応になるのか。その理由を述べよ。

(2) 0.9mol/Lの過酸化水素 H_2O_2 水溶液0.1Lに，触媒として一定量のヨウ化カリウムKIを加え反応を開始させると，5分間で0.01molの酸素 O_2 が発生した。反応開始から5分後にかけての H_2O_2 減少速度〔mol/（L・min）〕（注意：O_2 の増加速度ではない）と，この反応の反応速度定数〔/min〕を求めよ。

解答 (1) 過酸化水素は1分子ずつ合計2つの素反応を起こし，どちらか一方の素反応が律速段階になっているものと推定される。

(2) 0.04〔mol/（L・min）〕，0.05〔/min〕

解説 (2) 反応式の係数比より，O_2 が0.01mol発生すると H_2O_2 は0.02mol減少するからモル濃度は0.02/0.1＝0.2〔mol/L〕だけ減少する。これを経過時間5〔min〕で割ると H_2O_2 減少速度〔mol/（L・min）〕が算出される。

$$0.2/5 = 0.04 \, \text{〔mol/（L・min）〕}$$

さらに反応速度式に代入すると，反応速度定数が求められるが，反応速度が0〜5分の平均値なのだから，$[H_2O_2]$ にも0〜5分後の平均濃度〔mol/L〕を代入しなければならない。

$v = k[H_2O_2]$ より　$0.04 = k \times (0.9 + 0.7)/2$

$k = 0.05$ 〔/min〕

$H_2+I_2＝2HI＋9.0kJ$ の熱化学方程式で表される反応は素反応（＝遷移状態を1回だけ経る反応）である。種々の温度で右向きの反応の反応速度を実測したところ，以下の表のような結果が得られた。

絶対温度T〔K〕	500	600	700	800
$1/T$	$2.00×10^{-3}$	$1.66×10^{-3}$	$1.42×10^{-3}$	$1.25×10^{-3}$
反応速度定数k_1〔/s〕	0.347	317	$4.12×10^4$	$1.59×10^6$
$\log_e k_1$	−1.06	5.76	10.6	14.3

この結果をグラフ用紙にプロットして，右向きの反応の活性化エネルギー（E_1〔kJ/mol〕）を求めよ。

解答 $1.7×10^2$ 〔kJ/mol〕

解説 これは，アレニウスプロット（⇒ P.204「3．活性化エネルギーの求め方」）で活性化エネルギーの値を求める問題だ。右向きの反応について，式(2)をたてる。

$$\log_e k = -\frac{E}{RT}+A$$

k：反応速度定数，E：活性化エネルギー，R：気体定数，T：絶対温度，A：定数

縦軸に$\log_e k$，横軸に$1/T$をとったときのグラフの**傾きが$-E/R$に相当する**ことを利用してEを求める。

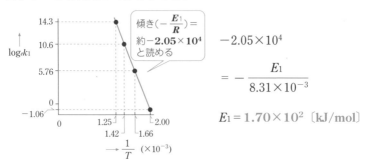

傾き（$-\dfrac{E_1}{R}$）＝約$-2.05×10^4$と読める

$$-2.05×10^4 = -\frac{E_1}{8.31×10^{-3}}$$

$$E_1 = 1.70×10^2 〔kJ/mol〕$$

 **反 応 率**

石油化学工業の重要な原料であるエチレンC_2H_4は，ナフサの熱分解でつくられる。この熱分解反応の反応式と平衡定数を以下に示す。

$$C_2H_6 \rightleftharpoons C_2H_4 + H_2 \quad K = \frac{[C_2H_4][H_2]}{[C_2H_6]} = 9.0 [mol/L]$$
（温度1200K）

0.50Lの反応容器にエタンC_2H_6を2.0mol入れて1200Kに保つと，入れたエタンの何％が反応して平衡状態に達するか。

解答 75〔％〕

解説 このように反応量と生成量の関係が話題になったときは，その**量関係を反応式の下に整理する**とよい。平衡状態での量関係が焦点になるから，平衡時に成り立つ化学平衡の法則を使って計算する。入れたエタンC_2H_6のα割が反応（＝1 mol中α mol が反応）したとすると，*

	C_2H_6	$\rightleftharpoons$	C_2H_4	+	H_2	
はじめ	2.0		0		0	〔mol〕
平衡時	$2.0(1-\alpha)$		2.0α		2.0α	〔mol〕

化学平衡の法則に代入するにはモル濃度〔mol/L〕に変えないといけないから，各々0.50Lで割ってから代入する。

$$K = \frac{[C_2H_4][H_2]}{[C_2H_6]} = \frac{(2.0\alpha/0.50)^2}{2.0(1-\alpha)/0.50} = 9.0$$

$$4\alpha^2 + 9\alpha - 9 = 0$$
$$(4\alpha - 3)(\alpha + 3) = 0$$

$$\alpha = \frac{3}{4}, \ -3$$

設定条件より$1 > \alpha > 0$だから，$\alpha = \frac{3}{4} = 0.75$

エタンC_2H_6は1 mol中0.75mol反応するから，反応率は**75%**。

＊：このαは，1 mol中何molが解離するかを表す値なので解離度とよばれる。

2H₂O（気体）＝2H₂（気体）＋O₂（気体）－498〔kJ〕の熱化学方
程式で表される反応の平衡定数は，温度800Kでは1.0×10^{-28}
〔mol/L〕である。2400Kでの平衡定数は何mol/Lか。ただしR
$=8.3 \times 10^{-3}$〔kJ/（mol・K）〕，$e^{50}=5.2 \times 10^{21}$として計算せよ。

解答 5.2×10^{-7}〔mol/L〕

解説 平衡定数と温度との関係が問われているのだから，式(4)
（$\log_e K = Q/RT + A'$）を用いて算出する。800Kで立てた式を解き，定
数Aを算出してから2400Kの式を立ててもよいが，下記のような解き
方のほうが速いだろう。

$$800\text{Kでの式}\ :\log_e 1.0 \times 10^{-28} = \frac{-498}{8.3 \times 10^{-3} \times 800} + A' \quad \cdots\cdots❶$$

$$2400\text{Kでの式}:\log_e K = \frac{-498}{8.3 \times 10^{-3} \times 2400} + A' \quad \cdots\cdots❷$$

❷－❶より

$$\log_e \frac{K}{1.0 \times 10^{-28}} = \frac{498 \times 2}{8.3 \times 10^{-3} \times 2400} = 50$$

$$\frac{K}{1.0 \times 10^{-28}} = e^{50} = 5.2 \times 10^{21}$$

$$K = 5.2 \times 10^{-7} \text{〔mol/L〕}$$

　この平衡定数の値は高温では増大するものの，2400K（2127℃）ま
で温度上昇させてもまだ10^{-7}のオーダーであり，右向きの反応は無視
できるほどしか起こらない。したがって，H_2Oの分解を熱で行うのは
技術的に困難であり，電気分解によるほうが簡単にできるとわかる。
　計算式による予測を行えば，実際に2400Kでの実験を試みるまでも
なく，このようなことがわかってしまうんだ。科学というのは，この
ように未知なる事象を数式で客観的に予測するための手段なんだ。

5 ミカエリス・メンテンの式 🎓

以下の酵素反応がある。Eは酵素，Sは基質（反応物），Pは生成物，ESは酵素―基質複合体（反応中間体）である。**❶**〜**❸**の各々の反応段階の反応速度v_1〜v_3は，それぞれ下式(1)〜式(3)で表される。なお，k_1，k_2，k_3は反応速度定数であり，[E]，[S]，[ES]は，それぞれ反応が起こっているときのモル濃度である。

$$\text{E} + \text{S} \underset{\underset{❷}{v_2}}{\overset{\overset{❶}{v_1}}{\rightleftharpoons}} \text{ES} \overset{\overset{❸}{v_3}}{\longrightarrow} \text{E} + \text{P}$$

$$v_1 = k_1\,[\text{E}]\,[\text{S}] \quad \cdots\cdots(1)$$
$$v_2 = k_2\,[\text{ES}] \qquad \cdots\cdots(2)$$
$$v_3 = k_3\,[\text{ES}] \qquad \cdots\cdots(3)$$

反応が継続的に進行しているときは，[ES]が一定に保たれているとみなせるので（＝定常状態），ESの生成速度v_1と，分解速度の合計$v_2 + v_3$とが等しいとみなせる（＝定常状態近似）。したがって，以下の式(4)が成り立つ。

$$v_1 = v_2 + v_3 \quad \cdots\cdots(4)$$

また，基質と結合していない酵素の濃度[E]と，結合している酵素の濃度[ES]との和を，酵素の総濃度$[\text{E}]_0$とすると，以下の式(5)が成り立つ。

$$[\text{E}] + [\text{ES}] = [\text{E}]_0 \quad \cdots\cdots(5)$$

📎 例題5 ┃ミカエリス・メンテンの式

以下の(1)〜(4)に答えよ。なお，温度と$[\text{E}]_0$は一定とする。

(1) v_1, v_2, [E] および [ES] を消去することにより，生成物を生じる速度 v_3 を，k_1，k_2，k_3，[S]，[E]$_0$ を用いて表せ。

(2) $\dfrac{(k_2 + k_3)}{k_1} = K_m$ とおくと，(1)で誘導した式は，(6)のように表せる。基質濃度が非常に低い（$K_m \gg$ [S]）ときの v_3 と [S] の関係を表すグラフを，以下の❶〜❸から選べ。

$$v_3 = \frac{k_3 \, [\text{E}]_0 \, [\text{S}]}{[\text{S}] + K_m} \quad \cdots\cdots(6)$$

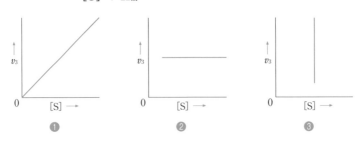

❶　　　　　❷　　　　　❸

(3) 基質濃度が非常に高い（$K_m \ll$ [S]）ときの v_3 と [S] の関係を表すグラフを，上記の❶〜❸から選べ。

(4) 式(6)が成り立つある酵素反応において，$\dfrac{1}{[\text{S}]}$ と $\dfrac{1}{v_3}$ の関係をプロットすると，以下のグラフが得られた。この反応の K_m の値は何 mol/L か。式(6)を，$\dfrac{1}{[\text{S}]}$ と $\dfrac{1}{v_3}$ の関係を示す式に変形したうえで，グラフに示した値から算出せよ。

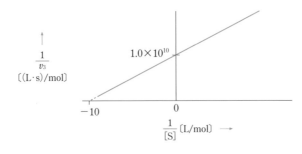

解答 (1) $v_3 = \dfrac{k_3\,[\mathrm{E}]_0\,[\mathrm{S}]}{[\mathrm{S}] + \dfrac{k_2 + k_3}{k_1}}$ (2) ① (3) ②

(4) $K_m = 0.10\,\mathrm{mol/L}$

解説 酵素反応の反応速度を考察する代表的な式であるミカエリス・メンテンの式を導き，考察する問題である。

(1) 式(1)，(2)，(4)より，v_1，v_2を消去すると，

$$k_1\,[\mathrm{E}]\,[\mathrm{S}] = k_2\,[\mathrm{ES}] + v_3 \quad \cdots\cdots(7)$$

式(5)によって $[\mathrm{E}]$ を消去すると，

$$k_1([\mathrm{E}]_0 - [\mathrm{ES}])\,[\mathrm{S}] = k_2\,[\mathrm{ES}] + v_3$$

$$\Leftrightarrow \quad k_1\,[\mathrm{E}]_0\,[\mathrm{S}] = (k_1\,[\mathrm{S}] + k_2)\,[\mathrm{ES}] + v_3$$

式(3)によって $[\mathrm{ES}]$ を消去し変形すると，

$$k_1\,k_3\,[\mathrm{E}]_0\,[\mathrm{S}] = (k_1\,[\mathrm{S}] + k_2 + k_3)\,v_3$$

$$v_3 = \frac{k_1\,k_3\,[\mathrm{E}]_0\,[\mathrm{S}]}{k_1\,[\mathrm{S}] + k_2 + k_3} = \frac{k_3\,[\mathrm{E}]_0\,[\mathrm{S}]}{[\mathrm{S}] + \dfrac{k_2 + k_3}{k_1}} \quad \cdots\cdots(8)$$

(2) 式(8)の $\dfrac{k_2 + k_3}{k_1}$ を K_m と書きかえると，式(6)となる。

$$v_3 = \frac{k_3\,[\mathrm{E}]_0\,[\mathrm{S}]}{[\mathrm{S}] + K_m} \quad \cdots\cdots(6)$$

式(6)のような，分母に「変数（$[\mathrm{S}]$）＋定数（K_m）」の２つの項がある式を，簡単なグラフで表現する手法を考える。その１つとして，変数が著しく小さい場合と，著しく大きい場合の両極端を数式化してグラフを書き，中間は滑らかに結ぶという方法がある。

まず(2)では，$[\mathrm{S}] \ll K_m$ のときを考える。このときは $[\mathrm{S}] + K_m \fallingdotseq K_m$ と近似できるので，式(6)は以下のように近似できる。

$$v_3 = \frac{k_3\,[\mathrm{E}]_0\,[\mathrm{S}]}{[\mathrm{S}] + K_m} \fallingdotseq \frac{k_3\,[\mathrm{E}]_0\,[\mathrm{S}]}{K_m} = \frac{k_3\,[\mathrm{E}]_0}{K_m} \times [\mathrm{S}] \quad \cdots\cdots(9)$$

温度一定なら，反応速度定数 k_1，k_2，k_3 と，それらの比 K_m は一定である。また，$[\mathrm{E}]_0$ も一定の条件である。すると，$\dfrac{k_3\,[\mathrm{E}]_0}{K_m}$ の値は一定

となるので，v_3 と [S] の関係は，「$y = ax$」型の比例関係となる。

したがって，その関係を表すグラフは❶である。

(3) 次に，[S] ≫ K_m のときを考える。このときは [S] ＋ K_m ≒ [S] と近似できるので，式(6)は以下のように近似できる。

$$v_3 = \frac{k_3 \,[E]_0 \,[S]}{[S] + K_m} \fallingdotseq \frac{k_3 \,[E]_0 \,[S]}{[S]} = k_3 \,[E]_0 \quad \cdots\cdots(10)$$

$k_3 \,[E]_0$ の値は一定なので，v_3 は，$y = k$　の形のグラフになる。よって，答えは❷。

(2)，(3)より，このタイプの反応で [S] と v_3 の関係は，以下のグラフのような関係になることがわかる。

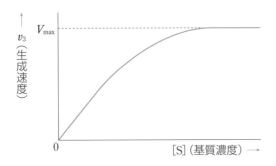

●基質濃度 [S] と，生成物の生成速度 v_3 との関係

図中の V_{max} は，酵素反応における最大反応速度（生成物の生成速度 v_3 の最大値）であり，式(10)の $k_3 \,[E]_0$ に相当する。図からわかる通り，一般に酵素反応においては，反応物質（基質）Sの濃度が低い範囲では，[S] が増大すると v_3 も増大するが，[S] の増大に際し徐々に v_3 は頭打ちとなり，やがて最大速度 V_{max} に達して一定速度となる。これは，すべての酵素が，酵素―基質中間体ESの状態になってしまい，処理能力の限界に達するからである。

●最大反応速度とV_{max}との関係

(4) (2)で行った近似の他に，分母に「変数（[S]）＋定数（K_m）」の2つの項がある式を，簡単なグラフで表現する手法の2つ目として，逆数をとるという方法がある。式(6)の逆数をとると，

$$v_3 = \frac{k_3\,[\mathrm{E}]_0\,[\mathrm{S}]}{[\mathrm{S}]+K_m}$$

$$\Leftrightarrow \quad \frac{1}{v_3} = \frac{[\mathrm{S}]+K_m}{k_3\,[\mathrm{E}]_0\,[\mathrm{S}]} = \frac{K_m}{k_3\,[\mathrm{E}]_0} \times \frac{1}{[\mathrm{S}]} + \frac{1}{k_3\,[\mathrm{E}]_0} \quad \cdots\cdots(11)$$

温度，$[\mathrm{E}]_0$が一定という条件より，式(11)は$\dfrac{K_m}{k_3\,[\mathrm{E}]_0}$値を傾き$a$，

$\dfrac{1}{k_3\,[\mathrm{E}]_0}$値を切片$b$，$\dfrac{1}{v_3}$を$y$，$\dfrac{1}{[\mathrm{S}]}$を$x$とした「$y=ax+b$」型の関数式

であることがわかる。

$$\frac{1}{v_3} = \frac{K_m}{k_3\,[\mathrm{E}]_0} \times \frac{1}{[\mathrm{S}]} + \frac{1}{k_3\,[\mathrm{E}]_0} \quad \cdots\cdots(11)$$

$$y \quad = \quad a \qquad\quad x \quad + \quad b$$

したがって，グラフの傾きが $\dfrac{K_m}{k_3\,[\mathrm{E}]_0}$ 値，切片が $\dfrac{1}{k_3\,[\mathrm{E}]_0}$ 値に一致する。

$$\frac{K_m}{k_3\,[\mathrm{E}]_0} = \frac{1.0 \times 10^{10}}{10} \quad \cdots\cdots(12)$$

$$\frac{1}{k_3\,[\mathrm{E}]_0} = 1.0 \times 10^{10} \quad \cdots\cdots(13)$$

式(12)，式(13)より $k_3\,[\mathrm{E}]_0$ を消去して，$K_m = 0.10\ (\mathrm{mol/L})$

　なお，式(11)をラインウェーバー・バークの式，測定値をグラフのようにプロットすることをラインウェーバー・バークプロットと呼ぶ。酵素反応の解析では代表的なものである。

第4章

物質の状態

―平衡論から化学を語る―

気　　体

⓪ 気体の挙動の数式化

　1660年，イギリスで「空気の弾性」をテーマにした学術書が出版された。今でこそ酸素，窒素分子などからなることが常識となっている空気だが，元素や原子，分子の概念が確立していない当時に，著者は，「空気の中にはみえない粒子がたくさんあり，その混み具合が変化することによって"ばね"のような性質がみられるのだ」という主張を行った。気体の圧力が，「空気のばね」という言葉ではじめて認識されるようになったのだ。

　この本は出版と同時に大きな反響をよんだが，客観性や普遍性に欠けるなどといった反論もいくつか寄せられた。そこで著者はさらに詳細な実験を行い，その結果を数値で処理し，すべての実験結果をたった1つの数式で説明してみせ，その現象を予測可能なものにした。

　自然現象において複雑に絡みあう多数の要因から特定の要因だけを独立にとりだし，モデル実験に置き換え，測定値を数式で説明する。これを繰り返すことにより，自然現象を理解し，未知の事象を予測可能にするという現代自然科学の方法論の先駆けとなったこの法則は，「ボイルの法則」とよばれる。そして，この著者の名はロバート・ボイル。著名な学者の組織である英国学士院（**Royal Society**）の初代幹事であり，後の会長でもある。

　「第1講」では「気体」をあつかおう。一見つかみどころのない気体の挙動も，数個の要因が絡みあっただけの話にすぎないことがわかるだろう。

気体の状態方程式

　我々は「大気圧」という大きなプレッシャー（圧力）の中で生活している。そもそも気体の圧力とは何なのだろう？　目にみえない気体の挙動を理解するには，この「圧力」をイメージすることが必要だ。

　本節では気体の状態方程式をあつかおう。まず現象の数式化のために，細かいことを無視して本質的なところだけをみた「理想気体の状態方程式」をつくり，次に，実際の気体に適用できるように補正項を追加した「ファンデルワールス状態方程式」をつくろう。

1 | 気体の状態方程式

　箱の中に気体分子が入っているとする。分子は常に熱運動しているから，容器の壁に衝突して衝撃力を及ぼすはずだ。この単位時間あたり，**器壁一定面積あたりに及ぼす衝撃力**のことを圧力という。

　圧力は，❶ 気体のモル濃度と❷ 絶対温度の2つに比例する。これを下の図でイメージしよう。

●圧力とモル濃度，絶対温度との関係

　まず，一定体積あたりの気体分子の数（＝**モル濃度**）を2倍にすると，気体分子が壁に衝突する頻度も2倍になり，**圧力も2倍**になる。

さらに、**絶対温度**[*1]**を2倍**にすると、分子の熱運動の激しさも2倍になるから、**圧力はさらに2倍になる。**

＊1：絶対温度〔K・ケルビン〕：セルシウス温度〔℃〕に273を足した温度。気体分子1個あたりの分子運動エネルギー（平均値）を表す。

気体の圧力とモル濃度、絶対温度との関係

この関係を数式で表現してみよう。モル濃度〔mol/L〕は、物質量 n〔mol〕を体積 V〔L〕で割ったものだ。絶対温度を T、比例定数を R とおくと、**圧力 P は n/V と T とに比例する**という式は次のとおり。

●気体の状態方程式

$$P = \frac{n}{V} R T \quad \xrightarrow{\ V を移項\ } \quad PV = nRT \quad \cdots\cdots (1)$$

圧力　　　　絶対温度〔K〕

モル濃度〔mol/l〕

P：圧力〔MPa〕（0.101〔MPa〕＝1気圧〔1atm〕）
n：物質量〔mol〕、V：体積〔L または dm³〕
T：絶対温度〔K〕、R：気体定数 $8.31×10^{-3}$〔dm³·MPa/(K·mol)〕[*2]
（圧力が気圧〔atm〕単位のときは、$R = 0.082$〔L·atm/(K·mol)〕）

＊2：気体定数 R の値は気体の種類に関係なく一定値になる。

式(1)が気体の状態方程式だ。この式を使えば，気体の状態を決める4つの要因（圧力P，体積V，物質量n，温度T）の関係がわかる。

2 │ 気体の基本法則

気体の基本法則は，状態方程式からすべて導き出せる。

1．ボイルの法則

気体の物質量nと温度Tを一定にして，**体積Vを変えると圧力Pがそれに反比例して変わる**。

状態方程式のnとTを定数と考えれば導き出せる。

●ボイルの法則

2．シャルルの法則

気体の量nと圧力Pを一定にして，**絶対温度Tを変えると体積Vがそれに正比例して変わる**。

状態方程式のnとPを定数と考えれば導き出せる。

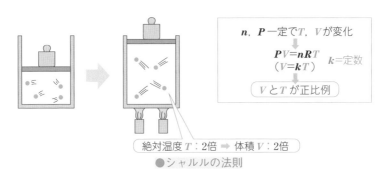

●シャルルの法則

221

3．アボガドロの法則

気体の圧力 P，絶対温度 T を一定にして，物質量 n を変えると体積 V がそれに正比例して変わる（体積比＝モル比）。

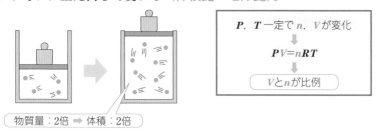

物質量：2倍 ➡ 体積：2倍

●アボガドロの法則

4．ドルトンの分圧の法則

分圧：多種類の気体が容器に入っているとき，注目したい種類の気体だけを容器に残して，他の種類の気体を全部追い出したと仮定したときの圧力。

体積 V，絶対温度 T が一定なら，成分気体の分圧 P は，その物質量 n に比例する（分圧比＝モル比）。

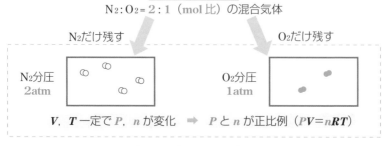

●ドルトンの分圧の法則

3 | 実在気体

1. 理想気体と実在気体のちがい

現実に起こる現象には，多種多様な要因が絡みあう。これをいきなり数式にするのは難しい。そこで，❶まず考えたい現象に深くかかわる要因だけを考慮し，副次的要因を無視した**理想的な状況を仮定して数式化を行う**。❷ついで，**副次的要因を補正項の形で1つずつ数式に追加する**。この2つのステップを経て，現実に合った式をつくる。

$PV = nRT$は，**気体分子自身の（＝粒子の）体積と分子間力を無視した理想的な状況**（＝理想気体）を仮定して導かれた式だ。そこで，この式に副次的要因を表す補正項2つ（分子の体積と分子間力）を追加していき，現実の気体（＝実在気体）に厳密に合う式にしていこう。

2. 分子自身の体積の補正

理想気体では，気体を質点（大きさがなくて重さはある）と仮定しているが，実在の気体分子には大きさ（＝分子自身の体積）がある。とくに，気体を圧縮していき気体の体積（＝動き回れる空間）を狭くしていくと，分子自身の体積の影響が無視できなくなる。

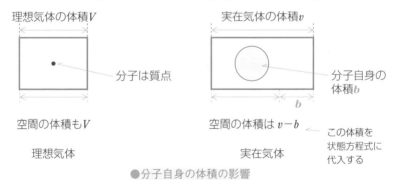

理想気体の体積V　　　　　　実在気体の体積v

分子は質点　　　　　分子自身の体積b

空間の体積もV　　　空間の体積は$v-b$　←この体積を状態方程式に代入する

理想気体　　　　　　　実在気体

●分子自身の体積の影響

実在気体では，分子自身の体積bだけ動き回れる体積（＝空間の体積）が少なくなり，正味の気体の体積は「$v-b$」になる（➡上の図）。状態方程式には，この「$v-b$」を代入しなければならない。$1\,mol$の分子自身の体積をbとおくと，n〔mol〕のそれはnbと表せるから，分子自身の体積を補正した状態方程式は，式(2)のようになる。

●分子自身の体積のみを補正した状態方程式

$$P(v - nb) = nRT \qquad \cdots\cdots(2)$$

v：実在気体の体積（Lまたはdm³）

b：分子自身の体積 1 mol分〔正確には排除体積*〕

*：正確には，1 molの分子自身の体積の4
　倍にあたる。気体分子を剛球と考えると，
　2分子の気体が衝突したとき，分子の2倍
　の半径の球，つまり分子の体積の$2^3 = 8$
　倍に相当する部分（斜線部分）には，ど
ちらの分子の中心も互いに入り込めない。これが，差し引かなければならない
体積bの正体だ。2分子によって分子体積の8倍を排除するから，1分子あたり
では分子体積の4倍を排除することになる。なお，3分子が同時に衝突するのは，
確率が低いから無視できる。

「理想気体の体積」と，「実在気体の体積」と，「実在気
体の正味の体積」のちがいが感覚的にわかりませ～ん。

　理想気体の体積「V」や実在気体の正味の体積「$v - nb$」は，何も
つまっていない空間部分の体積のことで，お風呂にたとえれば「お湯
の体積」という感じだ。一方，実在気体の体積「v」は，粒子の体積
まで合わせたもので，お風呂でいうと「お湯＋人間自身の体積」だ。

3．分子間力の補正とファンデルワールス状態方程式

　分子自身の体積は補正できたから，次は分子間力を補正しよう。理想気体では無視していたが，実在の気体では分子間力がはたらく。この影響が圧力に及ぶとどうなるだろうか。

　圧力とは，気体分子が器壁に及ぼす衝撃だった。気体分子が器壁に衝突しようとする瞬間，その分子よりも器壁側にはもう他の分子は存在しない。内部のほうに存在するだけだ。衝突しようとするその分子は，**内部の分子から及ぼされる引力**によって減速されるから，衝撃（＝圧力）は弱められる。**この圧力の低下幅は，❶ その気体に働く分子間力の大きさと，❷ 気体のモル濃度の2乗とに比例する**[1]。

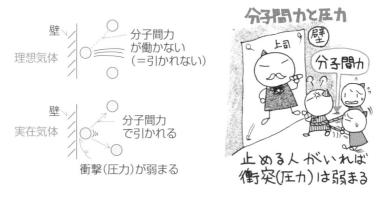

　モル濃度〔mol/L〕は $\dfrac{n〔\mathrm{mol}〕}{v〔\mathrm{L}〕}$ で表されるから，圧力低下分は $\dfrac{n^2}{v^2}a$

で表される（a は分子間力の大きさで決まる定数）。実在気体の圧力 p にこの低下分を足せば，理想気体の圧力と同じになるから，この値を式(2)の P に代入しよう。すると，実在気体に厳密に当てはまるファンデルワールス状態方程式（式(3)）ができる[2]。

*1：気体のモル濃度を2倍に増やすと，1分子に引力を及ぼす他の分子の数は2倍になり，かつ器壁一定面積に衝突する分子の数も2倍になるから，器壁一定面積あたりの圧力減少幅は $2×2＝4$ 倍になる。つまり，圧力減少幅は，モル濃度の2乗に比例する。

*2：ただし液化したときの解は得られない。液体についてはビリアル状態方程式というものを使わねばならない。

●ファンデルワールス状態方程式

$$\left(p + \frac{n^2}{v^2}a\right)\left(v - nb\right) = nRT \qquad \cdots\cdots(3)$$

p：実在気体の圧力　　a：分子間力の大きさを表す定数

v：実在気体の体積（＝気体が入っている容器の体積）

b：分子自身の体積を表す定数

n：物質量　　R：気体定数　　T：絶対温度

 なぜ「分子自身の体積」は気体が占める「体積」だけに，「分子間力」は「圧力」だけに影響するのですか？

式(3)は，うまく数式化するために，分子自身の体積の補正項bを気体の体積に，分子間力の補正項aを圧力に割りつけたんだ。実際は，この2つの要因は体積にも圧力にも影響しうる。

4．フガシティー

実在気体の圧力を，理想気体の$PV = nRT$に代入しても，正確な計算はできない。これと同様に，実在気体の圧力を化学平衡の法則の式などに代入しても，正確な計算はできない*。

そこで，実在気体に化学平衡の法則などをあてはめるときは，ありのまま測定される圧力ではなく，正確に計算できるように特別に補正された圧力を代入する。この**特別に補正された圧力**のことをフガシティーfという。フガシティーfは，ファンデルワールス状態方程式などとは別の理論に従って算出するが，簡単にいえば，**理想気体とのズレを圧力だけに割り付けた数値**だ。

＊：式(1)より，気体の圧力は，温度一定ならモル濃度に比例するから，気体反応ではモル濃度のかわりに圧力（＝分圧）を化学平衡の法則に代入してもよい。このときの平衡定数は圧平衡定数とよばれる。

　フガシティー f は理想性とのズレを全部背負い込まされた値だ。いいかえれば，計算に使えるように操作された値であり，実在気体について実測される圧力 p とは値がちがう。

　　　　　　フガシティー f と実在気体の実測圧力 p とは
　　　　　　どうちがうんですか？

　フガシティーを直接，測定することはできない。たとえば，0℃の実在気体 1 mol の圧力を測っても，その体積が理想気体の体積とはちがうから，測られた圧力はフガシティーとは異なる。フガシティーは理論計算や図上積分によって算出される。
　実在気体が理想気体の挙動に近づいてくると，フガシティー f の値は実測圧力 p の値に近づくので，**f/p の値が 1 に近づく**。この f/p 値のことを**フガシティー係数**とよぶ。

P：圧力（Pressure），V：体積（Volume），n：物質量（number），
R：定数，T：絶対温度（Temperature）

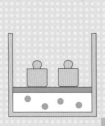

❶ VとPが反比例

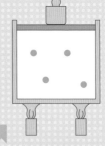

❷ TとVが正比例

❸ nとVが正比例

❹ nとPが正比例

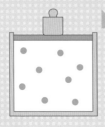

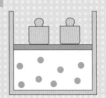

	変　数	定　数	変数どうしの関係		法則名
❶	P, V	n, T	$PV=nRT$	反比例	ボイルの法則
❷	V, T	n, P	$PV=nRT$	正比例	シャルルの法則
	P, T	n, V	$PV=nRT$	正比例	ボイルシャルルの法則
❸	n, V	P, T	$PV=nRT$	正比例	アボガドロの法則
❹	n, P	V, T	$PV=nRT$	正比例	ドルトンの分圧の法則

2. ファンデルワールス状態方程式の導出

理想気体 $\qquad P \qquad V \qquad =nRT$ ……(1)

分子間力の補正項 　分子自身の体積の補正項

実在気体 $\left(p+\dfrac{n^2}{v^2}a\right)(v-nb)=nRT$ ……(3)

3. 理想気体と実在気体のズレ

理想気体

圧力=換算圧力 p

分子自身の体積が影響すると┈ ┈ 分子間力が影響すると┈

実在気体

体積が大きくなるか

or

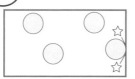

圧力が大きくなる

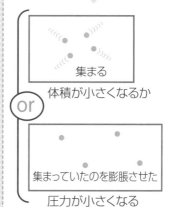

集まる

体積が小さくなるか

or

集まっていたのを膨脹させた

圧力が小さくなる

　図のような，ヘリウムHeガス
をつめた総重量1 t（1×10^6g）
の飛行船を設計したい。気球部
分に対して他の部分の体積は無
視でき，気球の内圧は外気圧と
等しくなると仮定すると，高度

Heガス

飛行船

1000mにおいて最低何m^{3}の気球部分をもたせてやる必要があ
るか。

　以下の数値を使い，理想気体の状態方程式$PV = nRT$を用い
て計算せよ。

> He の原子量（＝分子量）：4.0　　空気の平均分子量：29
> 高度1000mでの圧力，温度：0.090〔MPa〕,17〔℃〕(290K)
> $R = 8.3 \times 10^{-6}$〔m$^3 \cdot$MPa/（K$\cdot$mol）〕

解答　1.1×10^3〔m^3〕

解説　物質量 n〔mol〕$= \dfrac{\text{質量}\,w\,〔g〕}{\text{分子量}\,M}$ なので，$PV = nRT$を変形して，

$PV = \dfrac{w}{M}RT$, $w = \dfrac{MPV}{RT}$, 圧力0.090〔MPa〕，温度290〔K〕，体積V〔m^3〕
の空気とHeの質量差が1 t（1×10^6 g）あればいいのだから，

$$\varDelta w = \varDelta M \times \frac{PV}{RT} = (29 - 4) \times \frac{0.090 \times V}{8.3 \times 10^{-6} \times 290} = 1 \times 10^6$$

$$V = 1.06 \times 10^3 〔\text{m}^3〕$$

およそ10m×10m×10mの飛行船にする必要があるとわかる。

例題2 ┃ ファンデルワールス状態方程式

内容積可変の容器にメタンCH_4　1.0molを入れ，温度を27℃一定にして体積を小さくしていったときの圧力を，ファンデルワールス状態方程式（式(3)）より求めて，以下の表を完成せよ。ただし，メタンの式(3)における補正項a，bと気体定数の値を以下に示す。

$$a=0.22 〔MPa·L^2/mol^2〕,\quad b=4.3×10^{-2} 〔L/mol〕,$$
$$R=8.3×10^{-3} 〔L·MPa/(K·mol)〕$$

表　27℃のメタンのモル体積

体　積〔L〕	25	0.25	0.070
❶　式(3)より算出した圧力〔MPa〕	(1)	(2)	(3)
❷　$PV=nRT$より算出した圧力〔MPa〕	0.10	10	36
❸　❶の値/❷の値	(4)	(5)	(6)

解答　(1) 0.099　(2) 8.5　(3) 47
　　　　(4) 0.99　(5) 0.85　(6) 1.3

解説　(1)　$\left|p+\dfrac{1}{(25)^2}×0.22\right|(25-1.0×4.3×10^{-2})$

$$=1.0×8.3×10^{-3}×300$$
$$p=0.0993≒0.099 〔MPa〕$$

同様に，**25**を各々**0.25**，**0.070**に変えて計算すると，

(2) 8.50≒**8.5**〔MPa〕，　(3) 47.4≒**47**〔MPa〕

(4) $\dfrac{0.0993}{0.10}≒0.99$，　(5) $\dfrac{8.50}{10}≒0.85$，　(6) $\dfrac{47.4}{36}≒1.31$

　❸の値が1に近ければ，その気体は理想気体に近い挙動を示していることになる。0.1MPa（約1気圧）のメタンは，理想気体に近い。
　❸の値が1以下なら，同条件の理想気体よりも圧力が低下していることになる。これは，分子間力の影響が強く現れるからだ。逆に1以上なら，理想気体より圧力が上昇しており，分子自身の体積が強く影響しているのだとわかる。

第2講 蒸発平衡と物質の状態変化

0 フリーズドライ製法

　1647年の冬，京都伏見の宿屋ではたらく美濃屋太郎左衛門は，ところてんを外の樽に捨てていた。当時，ところてんは保存が効かなかったため，余ったものは全部捨てていたのだ。

　樽のふたを開けた太郎左衛門は，以前に捨てたところてんが，かさかさに乾燥しているのをみつけた。不思議に思ってこの「乾物」をとりだし，お湯に溶かしてから冷やすと，つくりたてのところてんとまったく同じものができた。

　外の樽に置いておいた「ところてん」は，まず夜の寒さで凍結し，次に昼間の湿度の低い（水蒸気分圧の低い）大気中で乾燥され，保存食である乾物になったのだ。これが「寒天」の発見であった。

　このように，凍結させてから乾燥させれば，加熱せずに水分を抜くことができ，なま物を熱で壊すことなく腐りにくい乾燥物にすることができる。工業的には冷却と減圧によって行われるこのような「乾物」の製造法を，「フリーズドライ製法（凍結乾燥法）」という。

　現在では，インスタントコーヒーをはじめとして食品，医薬の分野で活躍するフリーズドライ製法は，物質の三態変化が，**温度のみならず圧力の加減によっても起こる**ことを利用している。

　「第2講」では物質の三態をあつかおう。我々は1気圧の地表面に住んでいるから，融解や蒸発などの状態変化は温度変化によってのみ起こるものと感じてしまうが，じつは，圧力も影響することがわかるだろう。

物質の三態変化と状態図

「水は常に100℃で沸騰し，0℃で凝固する」，これはマルかバツか。

　圧力が変わると沸点，融点も変化するから，答えはバツだ。たとえば富士山の頂上での大気圧は約0.6気圧なので，水は85℃前後で沸騰する。また，氷の上をスケートで滑走できるのは，エッジ（刃）による加圧で水の融点が低下し，0℃以上で氷がとけて水になるからだ。

　ここでは，物質の三態をあつかおう。物質が固体，液体，気体のどの状態をとるかは，物質の種類と，温度と，圧力で決まるんだ。

1 │ 気体と液体の平衡（飽和蒸気圧）

　ふたのないコップに水を入れて放っておくと，やがて水は蒸発してなくなる。これは，生じた水蒸気が大気中に拡散するからだ。一方，ふたをしたコップの中の水はなくならない。これは蒸発平衡の状態になっているからだ。このときの様子を詳しく考えてみよう。

　ふたをした容器に水を入れた瞬間は，空間に水蒸気がないから，液体から気体への変化のみが起こる（図の❶）。しかし，空間に水蒸気がたまってくると，「蒸発」が起こる一方で，気体から液体にもどる「凝縮」も起こるようになり，最後にはみかけ上蒸発が止まった平衡（特に蒸発平衡とよばれる）の状態になる（図の❷）。このときの気体部分の圧力が飽和蒸気圧だ。飽和蒸気圧は，これ以上蒸発が進行しなくなったときの圧力だから，**蒸気の限界の圧力**といえる。

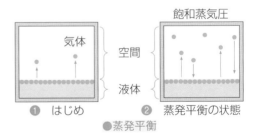
●蒸発平衡

この飽和蒸気圧と外圧（＝大気圧）との大小関係で，水が液体になるか気体になるかが決まってくるんだ。以下にその様子を示そう。

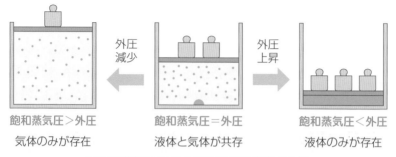

飽和蒸気圧＞外圧　　　飽和蒸気圧＝外圧　　　飽和蒸気圧＜外圧
気体のみが存在　　　　液体と気体が共存　　　液体のみが存在

●飽和蒸気圧，外圧の大小関係と物質の状態

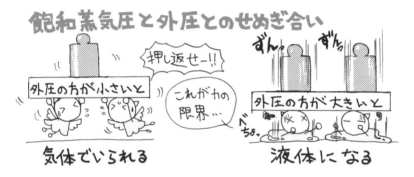

地表面は1気圧だけど，100℃以下の温度でも全部液体にはならず，気体の水蒸気も存在するのはなぜですか？

　今話しているのは，容器の中に水だけを入れた場合だ。空気は入っていない。話を簡単にするためにこのような状況を仮定しているんだ。空間には蒸気しかないから，飽和蒸気圧以上の圧力をかけたら気体は全部押しつぶされてしまうんだ。もし，容器に空気も入れたとしたら，空気が押しつぶされずに空間をつくり，そこに水が蒸発していくよ。

2 | 飽和蒸気圧と温度の関係

飽和蒸気圧は，物質の種類（濃度も含む）が水なら水と決まれば，あとは**温度だけで決まる**。飽和蒸気圧と温度の関係を示したグラフを蒸気圧曲線という（➡図）。

蒸気圧曲線を使えば，「ある温度，圧力で，その物質が液体，気体どちらの状態にあるか」を予測することができる。たとえば，純水を外圧1.2気圧，100℃（A点）におくと，前頁の図の「飽和蒸気圧＜外圧」の状態なので液体になり，また，外圧0.10気圧，50℃（B点）におくと，「飽和蒸気圧＞外圧」だから気体になるとわかる（➡表）。

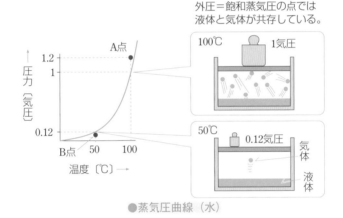

●蒸気圧曲線（水）

■温度，圧力と水の状態（上の図と関連）

	温度	圧力（＝外圧）	外圧が飽和蒸気圧を	状態
A点	100℃	1.2気圧	上回る	液体
B点	50℃	0.10気圧	下回る	気体

けっきょく，そのときの温度，圧力を蒸気圧曲線上にプロットし，**蒸気圧曲線より上のゾーンにあるなら液体，下のゾーンにあるなら気体**と判断できるんだ。

❸ 状 態 図

1. 状態図とは

　液体と気体の境界線を表す蒸気圧曲線に，固体と液体の境界線を表す融解曲線と，固体と気体との境界線を表す昇華圧曲線を合わせたものが，右の状態図だ。この図から，温度，圧力が指定されれば，その物質が固体，液体，気体のどの状態で存在するかがわかるんだ。

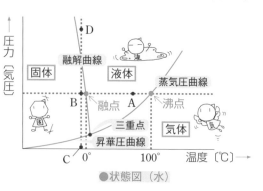

●状態図（水）

2. フリーズドライ製法

　状態図中のA点→B点→C点とたどると，はじめに冷却による凝固，さらに減圧による水分の昇華が起こる（➡表）。このようにして水分を除去して「乾物」をつくるのがフリーズドライ製法であり，この製法でコーヒーを粉末にしたものがインスタントコーヒーだ。

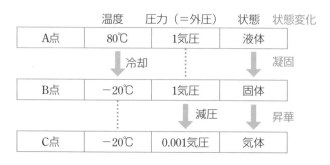

	温度	圧力（＝外圧）	状態	状態変化
A点	80℃	1気圧	液体	
	↓冷却		↓	凝固
B点	−20℃	1気圧	固体	
		減圧	↓	昇華
C点	−20℃	0.001気圧	気体	

●フリーズドライ製法の状態変化（状態図（水）と関連）

3．スケートにおける氷の状態変化

　氷の上をスケートで滑ることができるのは，エッジ（スケート靴の刃の部分）で氷に圧力をかけて氷を融解させると（状態図のB点➡D点*），エッジと氷の間に液体の水が生じ，摩擦が低減されるからだ。

　なお，圧力をかけると固体から液体になる物質は，数ある物質の中でも水ぐらいのものだ。一般に，高圧では体積が小さい状態をとりやすくなるが，水は特異的に固体よりも液体の体積のほうが小さいからなんだ。

＊：ただし，水の融解曲線は垂直に近いグラフなので，0℃に近い氷点下の温度でないと，この現象は起こらない。

4．三重点

　水は温度0.01℃（273.16K），圧力6.0×10^{-3}気圧（6.1×10^{-4}MPa）にしたときだけ，固体，液体，気体の3つが共存した状態になる。このように3つの状態が共存する状態を三重点（➡状態図）といい，温度も圧力も決まった値をとるから，温度計の基準に使われている。

5．臨界点

　水は374℃，218気圧で液体と気体の区別がなくなり，境界面（＝液面）が消える。この点を臨界点という。物質は**臨界点付近で特殊な性質を示す**ようになり，溶解性などが大きく変化するので，食品から特定の成分を抽出する手段などに応用される。

4 | ギブズの相律

1. 相律とは

「相」とは，「固体，液体，気体」などをさす。つまり，混ぜても均一にはならないが，境界面を介して物質の行き来はできる状態（＝分離した状態）にあるときの各領域をさす。

　もし，水を「気相のみ」にしたければ，適当に温度を上げるか圧力を下げればいいから簡単だ。反対に，水の「固相と液相と気相がすべて存在」する状態にしたければ，特定の温度と圧力に調節する必要がある。このように，共存する相の数が増えてくると，「そのような状態にするには，この温度，圧力でないといけない」という具合に制約が増え，「自由度」が減る。この「相」の数と「自由度」との関係を式で表したのが，ギブズの相律だ。

「自由度」というのが具体的にイメージしにくいです。

「自由度」とは，温度，圧力といった状態を表す数字のうち，制約を受けない数値がいくつあるかという意味の数値だ。H_2O を例にとって，具体的に考えてみよう。

2. H_2O 1成分系の自由度

　H_2O のみ（＝1成分）が入った容器の温度と圧力を調節して，中身の H_2O をいろいろな状態に設定してみよう。

❶ 1成分，1相の場合

「容器内の水を全部気体」にしたければ，温度や圧力は，**状態図**（P.236）の「蒸気圧曲線以下の領域（＝気体の領域）」であるかぎりは，どんな値に設定してもいい。つまり，**温度と圧力の2つ**を蒸気圧曲線以下の領域で**自由に変えられる**。これを「自由度2」という。

❷ 1成分，2相共存の場合

「液体と気体の**2相が共存する**」状態にしたければ，気体の圧力を飽和蒸気圧ぴったりに調節する必要がある。たとえば，温度を100℃にしたいのなら，圧力は蒸気圧曲線上の1気圧でないといけないし，圧力を0.5気圧にするのなら，温度は82℃に制約される。つまり，**自由に変えられるのは温度か圧力かどちらか1つになる。**これを「自由度1」という。

❸ 1成分，3相共存の場合

「固体と液体と気体の**3相が共存する**」状態にしたければ，状態図上の三重点の温度，圧力に調節する必要がある。水の場合なら，温度は0.01℃，圧力は0.006気圧にそれぞれ制約される。つまり，**温度も圧力も，両方とも自由ではない。**これを「自由度0」という。

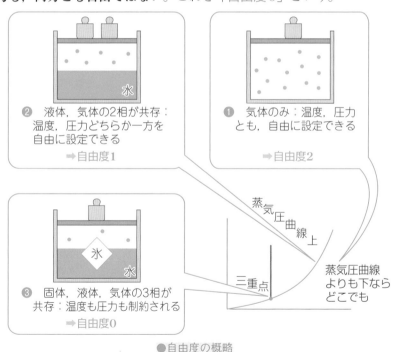

❷ 液体，気体の2相が共存：温度，圧力どちらか一方を自由に設定できる ⇒自由度1

❶ 気体のみ：温度，圧力とも，自由に設定できる ⇒自由度2

❸ 固体，液体，気体の3相が共存：温度も圧力も制約される ⇒自由度0

蒸気圧曲線上

蒸気圧曲線よりも下ならどこでも

三重点

●自由度の概略

3. ギブズの相律

ギブズは，「成分」の数 C，「相」の数 P，温度，圧力の「自由度」F との間に，以下の関係が成立することをみいだした。

●ギブズの相律の式

成分（物質の種類）の数　　相（固体，液体，気体）の数

$$F = C - P + 2 \qquad \cdots\cdots(A)$$

自由度（温度，圧力，濃度などの状態を表現する
数値を，いくつ自由に設定できるか）

▶ 上記の例❶〜❸への相律の適用

（H_2O のみが存在する1成分系なら，$C = 1$）

	P（相の数）	算出される F（自由度）
❶	1（気体のみ）	2（温度，圧力両方自由）
❷	2（液体＋気体）	1（温度 or 圧力どちらかが自由）
❸	3（固＋液＋気）	0（温度も圧力も自由に設定できない）

240

物質量，質量，エネルギー，体積といった値は，温度，
圧力などの「状態を表す数値」にはならないのですか？

4. 示量性状態関数と示強性状態関数

　まず，「第3章　第2講」の「熱力学の概要」で説明したとおり，
物質の状態が決まれば，そこにいたる経路には関係なく決まる数値の
ことを「**状態関数**」といったね。「示量性状態関数」とは，いわゆる
「量」のことで，物質量，質量，空間の体積，エネルギーなどがある。
これらは一般に**足したり引いたり微分したりが可能**だという長所があ
る一方で，**対象とする範囲によって数値が変わってしまう**という短所
もある。同じ水でも，どれだけもってくるかで物質量，質量，体積，
潜在エネルギーは異なるんだ。

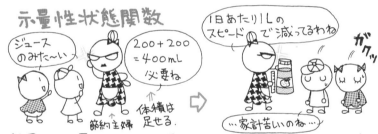

　これに対して，圧力，温度，濃度といった数値は「示強性状態関
数」だ。「第1講」で説明したとおり，圧力の意味は「器壁単位面積あ
たり単位時間あたりの衝撃力」，温度の意味は「気体1分子あたりの平
均運動エネルギー」だ。このように，「〜あたりの…の値」と定義さ
れる「比の値」というのは，とくに工夫しないかぎり**足したり引いた
り微分したりができない**という短所をもつ反面，**どこをとっても一定
値になる**という長所をもつ普遍的な数値だ。たとえば，20℃の地表
面の空気なら，どこで1cm³をとって比べても，また範囲を変えて10
Lとっても，圧力は1気圧，温度は20℃で一定だ。
　そして，蒸発平衡や融解平衡などの**相平衡が成り立っているときは**，

示量性状態関数には制約がないが、**示強性状態関数は相互に影響しあって、特定の値に決まってくる**んだ。その制約の度合いを表したのがギブズの相律なんだ。

相律は大局的で、具体的に飽和蒸気圧の値などを求める法則ではないですよね。これらの値を予測する手段はありますか？

5 | 飽和蒸気圧と化学平衡の法則との関係

蒸発平衡などの物理的平衡にも、「第3章 第3講」であつかった化学平衡の法則をあてはめることができる。水の蒸発は以下の熱化学方程式で表せる。この式の平衡定数を表す式をつくろう。気体の場合は、温度が一定ならモル濃度と圧力が比例するから（⇒P.220）、H_2O（気体）のモル濃度のかわりに水蒸気の圧力Pを使おう。

$$H_2O（液体）= H_2O（気体）- 42kJ \qquad K' = \frac{P}{[H_2O（液体）]} \quad \cdots\cdots (B)$$

液体が水溶液ではなく純水の場合なら、$[H_2O（液体）]$（= 液体H_2Oのモル濃度）の値は一定だ。そこで $K' \times [H_2O（液体）] = K$ とすると、

$$K'[H_2O（液体）] = K = P \quad \cdots\cdots (C)$$

平衡定数　　　飽和蒸気圧

けっきょくこの式より，飽和蒸気圧 P は，蒸発平衡の平衡定数 K に等しいことがわかる。平衡定数 K は，反応式と温度が決まれば一定値になるのだった。したがって，飽和蒸気圧 P も物質の種類（濃度を含む）と温度さえ決まれば一定値になる。

また，「第3章」P.205の式(3) $\dfrac{\mathrm{d}K}{\mathrm{d}T} = \dfrac{\varDelta H K}{RT^2}$ より吸熱反応（$\varDelta H$ が正の値）のときは，**高温で K 値が急激に増大する**。だから，**飽和蒸気圧 P も高温で急激に増大し**，温度との関係はP.235の「蒸気圧曲線」のようになるんだ*。

＊：高温で液体が気体になりやすくなることは，P.184の「ギブズエネルギー」のところでも理論的に説明している。

では，各温度での K 値はどのように予測するんですか？

平衡定数 K と温度との関係式は，P.205の式(4)であつかったね（下記式(4)）。これを蒸発平衡にあてはめればいいんだ。

⑥ | クラウジウス・クラペイロンの式

式(4)の平衡定数「K」を飽和蒸気圧「P」に置き換えて，エンタルピーの変化量「$\varDelta H$」を蒸発エンタルピー「Q_{ev}」に置き換えれば，**飽和蒸気圧を予測する**クラウジウス・クラペイロンの式ができる。Q_{ev} は，「物質 1 mol が蒸発するときのエンタルピー変化量（吸熱量）」を表す。

$$\log_e K = \frac{-\varDelta H}{RT} + A' \quad \cdots\cdots(4)$$

$K = P_{\mathrm{H_2O}}$（式(C)） だから

$$\log_e P = \frac{-Q_{\mathrm{ev}}}{RT} + A'' \quad \cdots\cdots(\mathrm{D})$$

K：平衡定数，$\varDelta H$：反応エンタルピー〔kJ/mol〕，R：気体定数〔kJ/(K・mol)〕，
T：絶対温度〔K〕，A'，A''：定数，Q_{ev}：蒸発エンタルピー〔kJ/mol〕，
P：飽和蒸気圧

積分定数A''を消すためには，異なる温度の値を用いてもう1組の式をつくり，2つの式を辺々引き算してやればいい。そこで，この「引き合いに出す式」として，三重点の値を代入した式を使おう。

三重点の絶対温度をT^*，圧力をP^*とおくと，絶対温度Tのときの飽和蒸気圧Pを求める式は以下のように導かれる。

$$\log_e P = \frac{-Q_{ev}}{RT} + A''$$

> P，Tだけが変数で
> あとの数値はみな定数

$$-\bigg)\ \log_e P^* = \frac{-Q_{ev}}{RT^*} + A''$$

$$\log_e \frac{P}{P^*} = \frac{Q_{ev}}{R}\left(\frac{1}{T^*} - \frac{1}{T}\right)$$

これを，クラウジウス・クラペイロンの式という。

● クラウジウス・クラペイロンの式

絶対温度Tにおける飽和蒸気圧P

蒸発熱

$$\log_e \frac{P}{P^*} = \frac{Q_{ev}}{R}\left(\frac{1}{T^*} - \frac{1}{T}\right) \qquad \cdots\cdots \text{(E)}^*$$

気体定数　　　　　　　絶対温度

三重点の飽和蒸気圧　　　三重点の絶対温度

＊：同様の式を昇華，融解の平衡にあてはめることもできる。したがって，この式を用いて各温度Tにおける平衡圧力Pを算出し，蒸気圧曲線，昇華圧曲線，融解曲線を求めることができる。ただし，これらの式はTとT^*の差が大きいと，成り立たなくなってくる。温度が大きく変わると，蒸発熱，昇華熱，融解熱も変わってくるためだ。

まとめ　1. 状　態　図

例➡ 水の状態図

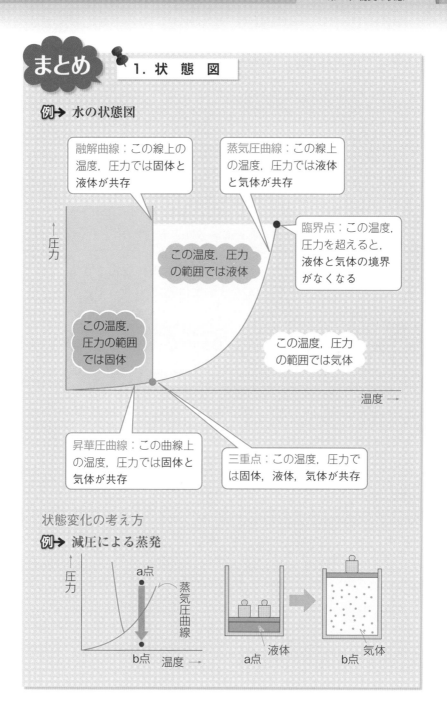

融解曲線：この線上の温度，圧力では固体と液体が共存

蒸気圧曲線：この線上の温度，圧力では液体と気体が共存

臨界点：この温度，圧力を超えると，液体と気体の境界がなくなる

この温度，圧力の範囲では液体

↑圧力

この温度，圧力の範囲では固体

この温度，圧力の範囲では気体

温度→

昇華圧曲線：この曲線上の温度，圧力では固体と気体が共存

三重点：この温度，圧力では固体，液体，気体が共存

状態変化の考え方

例➡ 減圧による蒸発

↑圧力

a点

蒸気圧曲線

b点　温度→

a点　液体

b点　気体

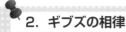
2. ギブズの相律

$$F = C - P + 2$$

自由度　成分の数　相の数
　　　　　　　　　　　　　　　　　　　　……(A)

例 → 氷　水

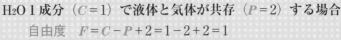

H_2O 1 成分 （$C=1$）で液体と気体が共存 （$P=2$）する場合

自由度　$F = C - P + 2 = 1 - 2 + 2 = 1$

➡ 圧力か温度どちらか一方を自由に設定できる（地表面では1気圧だから温度は0℃に決まってしまう）

3. クラウジウス・クラペイロンの式 （蒸気圧曲線, 融解曲線, 昇華圧曲線を予測する式）

●絶対温度 T における飽和蒸気圧 P

蒸発熱

$$\log_e \frac{P}{P^*} = \frac{Q_{ev}}{R} \left(\frac{1}{T^*} - \frac{1}{T} \right)$$
　　　　　　　　　　　　　　　　　　　　……(E)

絶対温度

気体定数

三重点の飽和蒸気圧　　三重点の絶対温度

対数をはずすと

$$P = P^* \times \exp \left\{ \frac{Q_{ev}}{R} \left(\frac{1}{T^*} - \frac{1}{T} \right) \right\}$$
　　　　　　　　　　　　　　　　　　　　……(F)

＊exp (x) とは，e^x の意味。

蒸発熱 Q_{ev} を昇華熱，融解熱に変えれば，昇華圧曲線，融解曲線上の絶対温度または圧力を求める式になる。

246

例題1 ┃ 状　態　図

　以下は，水と二酸化炭素の状態図である。この図をもとにした以下の記述のうち，誤っているものを選べ。

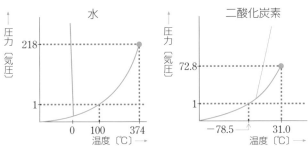

❶　1気圧のもとで，−78.5℃のドライアイス（＝固体の二酸化炭素）に圧力をかけても融解（固体→液体）は起こらないが，0℃の氷に圧力をかけると融解が起こる。

❷　0℃，1気圧のもとでつくった氷を，真空ポンプによって真空に保たれている容器の中に入れると，昇華（固体→気体）が起こって氷がなくなる。

❸　1気圧のもとでも，温度を調節すればドライアイスも水も昇華させることができる。

❹　3つの線が交わる点（三重点）では，固体，液体，気体がすべて共存する。

❺　120℃の水蒸気は，圧力を高めれば蒸発熱を奪って凝縮し液体になるが，40℃の気体の二酸化炭素はこのような変化を行わない。

解答　❸

解説　❶　1気圧では，H_2O は0℃，CO_2 は−78.5℃に融点がある。状態図の融解曲線から，H_2O は**高圧**にすると**融点が下がり**融解するのに対して，CO_2（ドライアイス）は**高圧で融点が上がり**，−78.5℃では凝固したままだとわかる。

❷　どんな物質でも，昇華圧曲線を下回る圧力に保てば**昇華**が起こる。真空ポンプによって昇華した気体を容器から排出すれば，容器内で

はさらに昇華が起こる。これを繰り返せば、最終的にすべての固体が昇華してから排出され、固体はなくなってしまう。

❸ 昇華圧曲線をまたぐことができれば昇華は可能だが、H_2Oの昇華圧曲線は0.006気圧以下にしか存在しないから、1気圧では昇華は起こらない。一方、CO_2は1気圧のとき−78.5℃で昇華圧曲線をまたぎ、昇華が起こる。なお、「1気圧で昇華が起こる」ものを普通に「昇華性物質（ドライアイス、ナフタレン、ヨウ素など）」という。

❺ CO_2の状態図をみると、40℃ではすでに臨界点を超えていて、どんなに圧力を上げても蒸気圧曲線をまたぐことはない。液体と気体の境界がなくなってしまうんだ。

例題2 ▌飽和蒸気圧

以下に示す値から、水の10℃と100℃の飽和蒸気圧〔MPa〕を求めよ。

ただし、H_2Oの三重点：絶対温度273〔K〕，圧力6.1×10^{-4}〔MPa〕
水の蒸発熱：45.0〔kJ/mol〕，気体定数：8.3×10^{-3}〔kJ/(K・mol)〕
$\dfrac{1}{273}=0.00366$, $\dfrac{1}{283}=0.00353$, $\dfrac{1}{373}=0.00268$
$e^{0.70}=2.0$, $e^{5.3}=2.0 \times 10^2$

解答 10℃：1.2×10^{-3}〔MPa〕 100℃：0.12〔MPa〕

解説 クラウジウス・クラペイロンの式を使う。対数を外した式(F)のほうがPを算出しやすいだろう。

$$P=P^* \exp \left\{ \frac{Q_{ev}}{R} \left(\frac{1}{T^*} - \frac{1}{T} \right) \right\} \quad \cdots\cdots (F)$$

10℃（283K）：

$$P=6.1 \times 10^{-4} \times \exp \left\{ \frac{45.0}{8.3 \times 10^{-3}} \left(\frac{1}{273} - \frac{1}{283} \right) \right\}$$

$$=6.1 \times 10^{-4} \times e^{0.70} = 6.1 \times 10^{-4} \times 2.0 \fallingdotseq \mathbf{1.2 \times 10^{-3}}\ \mathbf{〔MPa〕}$$

100℃（373K）：

$$P = 6.1 \times 10^{-4} \times \exp\left\{\frac{45.0}{8.3 \times 10^{-3}}\left(\frac{1}{273} - \frac{1}{373}\right)\right\}$$

$$= 6.1 \times 10^{-4} \times e^{5.3} = 6.1 \times 10^{-4} \times 2.0 \times 10^{2} \doteqdot \mathbf{0.12} \ [\text{MPa}]$$

　10℃のときの計算結果1.2×10^{-3}〔MPa〕は，実測値とぴったり同じだが，100℃のときの計算値0.12 MPaは，実際の値である0.10〔MPa〕（1気圧）から2割ぐらいずれている。これは，温度が0℃から100℃まで変化するにつれて，蒸発熱も0℃の45.0〔kJ/mol〕から100℃の40.7〔kJ/mol〕まで変わっていくからだ。

　通常は，反応熱は温度にあまり影響されず一定であると近似するが，100℃もの温度差があると，さすがに反応熱を一定と考えることはできなくなってくるようだ。よって，**クラウジウス・クラペイロンの式**（(E)，(F)）や「第3章」であつかった平衡定数と温度の関係式（P.205 式(4)），アレニウスの式（P.203 式(2)）などは，数10℃くらいの温度範囲を対象としたときに厳密にあてはまる式だといえる。

混合物の相平衡

 凍結防止剤と塩害

　1980年代まで，春の札幌市では，砂嵐が吹き荒れているかのような光景がよくみられた。凍結路面を走るために自動車に装着されたスパイクタイヤが，氷のみならず道路の舗装面まで引っかいてしまい，削りとられたアスファルトの粉がもうもうと空中を舞ったのだった。

　スパイクタイヤは，1991年春に全面廃止されたが，それと前後して，道路の凍結を防ぐ凍結防止剤が多量に散布されるようになった。すると，今度は橋脚などの鉄筋コンクリート建造物に被害が出はじめた。

　凍結防止剤として最も多く使われるのは塩化ナトリウム（NaCl）だが，塩化物イオン（Cl⁻）は鉄筋の腐食を速める「塩害」を，ナトリウムイオン（Na⁺）はコンクリート中のカルシウムイオンと置き換わる「アルカリ骨材反応」を起こし，徐々に鉄筋コンクリートを蝕んでいったのだ。現在，札幌市では，塩害やアルカリ骨材反応を起こさない酢酸カルシウムが凍結防止剤として使用されているが，多くの地域や機関は依然として低価格の塩化ナトリウム等を使っている。

　ところで，そもそも凍結防止剤はなぜ水の凝固を防ぐことができるのだろうか？

「第3講」では，溶液の性質をあつかおう。凝固点降下，沸点上昇，浸透圧といった溶液の示す性質はすべて，溶媒が境界面を往来する速度の差に由来しているのだということがわかるだろう。

沸点上昇，凝固点降下，浸透圧

　アイスクリームは水よりも凍りにくい。これは，溶液の凝固点が純溶媒よりも降下するためだ。一方，野菜に塩をかけるとしなびるのは，浸透圧に起因する。身のまわりでみられるこのような現象は，いったいどのようなしくみで起こるのだろうか？

　ここでは溶液の性質をあつかおう。凝固点降下・沸点上昇と浸透圧とは一見関連がなさそうだが，すべて「溶媒が2相間を移動する速度」のちがいで起こるのだということがわかるだろう。

1 ｜ 蒸気圧降下

　汗でぬれたシャツは，純水でぬれたシャツよりも乾きにくい。これは，溶液の蒸気圧が，純溶媒よりも低下するためだ。これを蒸気圧降下という。このしくみを，次の図を使って考えてみよう。

水（溶媒）の半分を溶質の分子で置き換える

❶ 純水の蒸発平衡
（飽和状態）

水の分子

❷ 溶媒の表面積半減

溶質の分子

❸ 蒸気圧が低下

┗→ 蒸発の速度だけ半減

┗→ 新たな蒸発平衡

●蒸気圧降下のしくみ

> ❶　純水の場合は液面全面で蒸発と凝縮が起こる。蒸発と凝縮の速度が一致した蒸発平衡の状態（＝飽和状態）に達すると，蒸

気はこれ以上増えなくなる。このときの圧力が「純水の飽和蒸気圧」だ。

❷　水分子の半分を，不揮発性の（＝蒸発しない）溶質で置き換えてみよう。たとえば，砂糖のようなもので置き換えたと思ってほしい。このとき，蒸発ができるのは，全液面の半分を占める水だけだ。したがって，置き換えた瞬間に蒸発の速度は半分に減る。
　　一方，凝縮は相変わらず全液面で起こるからその速度は減らない。その結果，**凝縮が蒸発よりも優勢になり，蒸気が減少していく。**

❸　蒸気の圧力が純水のときの半分にまで降下すると，凝縮の速度も純水のときの半分になって，新たな平衡状態になる。このときの圧力が「溶液の飽和蒸気圧」だ。

　蒸気圧降下のしくみがわかっただろうか？　このモデルでは，溶媒のモル分率（物質量で考えた存在割合）を0.5倍にしたため，飽和蒸気圧も0.5倍になった。このように，**溶液の飽和蒸気圧は，溶媒のモル分率に比例する**んだ。

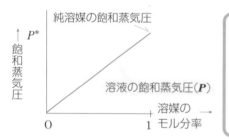

●不揮発性溶質が混合したときの飽和蒸気圧の変化

　ただし，**現実のほとんどの溶液は，低濃度のときだけ上の式$P = xP^*$に従う**。一般に高濃度の溶液では，溶質どうしや，溶媒と溶質との相互作用が，溶媒どうしの相互作用と異なるために，理想性からずれてくるんだ。すべての濃度範囲でこの式に従う溶液を「理想溶液」というが，その例は数少なく，**ベンゼン**と**トルエン**，**ヘキサン**と**ヘプタン**などに限られる。

2 │ 沸点上昇

外圧1気圧のもとで飽和蒸気圧が1気圧に達すると，沸騰が起こる。溶液の飽和蒸気圧は溶媒よりも低くなるのだから，これを同じ1気圧に到達させるには，溶質の方をより高い温度にする必要がある。つまり，**溶液の沸点は，溶媒よりも上昇する。**これを沸点上昇という。

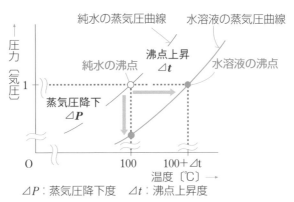

●蒸気圧降下と沸点上昇

3 | 凝固点降下

海の水は真水よりも凍りにくい。また，道路に塩をまくと凍結しにくくなる。これは凝固点降下が起こることによる。この現象を下に示す図で考えてみよう。

❶ 　凝固点では，固体（氷）から液体（水）になる融解の速度と，液体から固体になる凝固の速度とが一致して**融解平衡の状態**になっている。純水は0℃でこの状態になる。

❷ 　溶質を混ぜて溶液にすると，蒸気圧降下のときと同様に凝固の速度のみが減少し，氷の融解が進行する。温度を0℃に保ち続けると，溶液に浮いた氷は全部融解してしまう。

❸ 　このような溶液を凝固させたいのなら，温度は0℃よりも低くしてやらなければならない。したがって，**凝固点は低下する。**

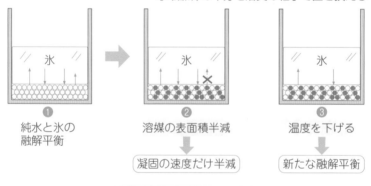

水（溶媒）の半分を溶質の粒子で置き換える

❶
純水と氷の
融解平衡

❷
溶媒の表面積半減

凝固の速度だけ半減

❸
温度を下げる

新たな融解平衡

●凝固点降下が起こるしくみ

溶質の濃度**が増せば増すほど，沸点は上がり，凝固点は下がる**ことがわかっただろうか？

4 | 浸 透 圧

　野菜に塩をかけるとしなびるのは，水が細胞膜を通って濃い溶液の側に移動（＝浸透）するからだ。なぜ水は，濃い側に移動するのだろう。これを，下のような図で考えてみよう。これは，溶媒と溶液とを，空間部分でつないだものだ。

❶　蒸気圧降下によって，溶液側の飽和蒸気圧は低くなっているから，**蒸気は高圧の溶媒側から低圧の溶液側へと流れ込む。**

❷　溶媒側では，低下した圧力を元にもどそうとして蒸発（液体→気体）が，溶液側では，上昇した圧力を元にもどそうとして凝縮（気体→液体）が進行し，最後には**すべての溶媒が溶液側に移ってしまう。**

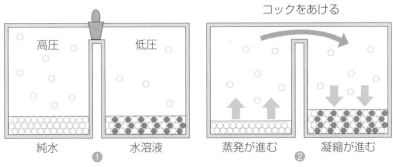

●浸透圧が生じるしくみ（容器内に溶媒と溶液を置いた場合）

　このとき，2つの液体を結ぶ空間は，溶質を通さず溶媒だけを通過させたのだから，半透膜*と同じ役割を果たしたことになる。

＊：溶液の成分のうち，一部のものだけを通過させる膜のことを半透膜という。溶媒，溶質を通すがコロイド粒子を通さないものと，溶媒のみを通して溶質やコロイド粒子を通さないものとがある。

次に，本当の半透膜をはさんだときの様子を考えよう（➡次の図）。粒子が半透膜を通過して反対側の液体に流れ込むことを浸透という。溶質を通さない半透膜で仕切ると，溶媒だけが浸透を行う。

❶ 溶液側から半透膜に接触する溶媒分子の数は，溶媒側からのそれよりも少ないので，溶液側から溶媒側へ（＝左向きに）浸透する速度は，反対方向（右向き）のそれよりも遅くなる。

❷ 浸透速度に差が生じたため，**溶媒は溶液側に流入する**。

❸ この浸透を阻止するためには，溶液側に余分な圧力をかける必要がある。ちょうど**浸透を阻止できるだけの圧力**を，その溶液の「浸透圧」という。

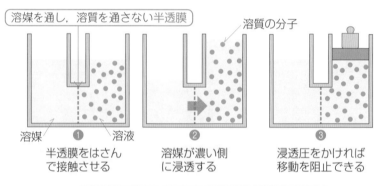

溶媒を通し，溶質を通さない半透膜　　　溶質の分子

溶媒　❶　溶液
半透膜をはさん
で接触させる

❷
溶媒が濃い側
に浸透する

❸
浸透圧をかければ
移動を阻止できる

●浸透圧が生じるしくみ（半透膜を使用する場合）

じゃあ，溶液側に浸透圧以上の圧力をかけるとどうなるんですか？

溶液側に浸透圧以上の圧力をかけ続けると，溶媒は溶液側から溶媒側へと逆流する。これを「逆浸透」といって，海水から淡水をつくる技術に応用されているよ。

まとめ 沸点上昇，凝固点降下，浸透圧

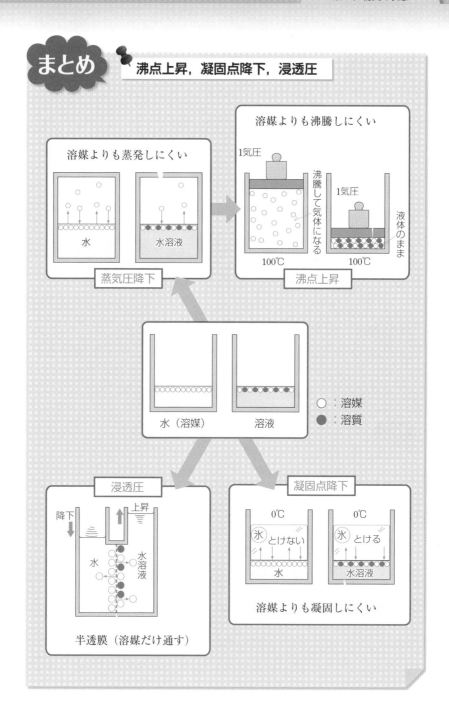

以下の文のうち誤っているものを1つ選べ。

濃度のちがう
グルコース水溶液

❶ 右図のように，濃度のちがうグルコース水溶液を別々のビーカーに入れて密閉容器中に置くと，高濃度側の液面は上昇し，低濃度側の液面は降下する。

❷ 自動車のラジエーターの冷却水にエチレングリコールを加えるのは，その凝固点を低下させて凍結しにくくさせるためである。

❸ コンタクトレンズは，生理食塩水中に保存する。これを精製水につけておくと，レンズは収縮してしまう。

❹ 灌漑（かんがい）によって農地に水を供給すると，長い間には水とともに流れ込んだ塩分が土壌中に濃縮され，作物が育ちにくくなることがある。これは浸透圧の要因による。

解答 ❸

解説 ❶ 高濃度側の飽和蒸気圧のほうがより降下しているから，低濃度側では蒸発が，高濃度側では凝縮が進行し，**水は高濃度側に移っていく**。両者の濃度が等しくなると液面の上下動が止まる。

❸ 精製水よりもレンズ内のほうが高濃度で浸透圧が高いから，水がレンズ内に浸透し，レンズは膨張してしまう。赤血球を水につけると膨張して破裂するのと同じことだ。

❹ 植物の根の表面は，浸透圧の差によって水を体内にとりいれるための半透膜の働きをする。土壌の塩分濃度が高まると，根の内外の浸透圧差が減少して，根の内部に水が浸透しにくくなるから植物の生育が悪くなる。

溶液と気体の相平衡，蒸留

「第2講」では，純物質（＝1成分系）の相平衡について，温度，圧力の制約を大局的に表す「**ギブズの相律**」と，実際に温度，圧力を算出するための「**クラウジウス・クラペイロンの式**」をあつかった。

ここでは，さらに複雑化した混合物質（＝2成分系）について，この2つの式を適用させてみよう。このようにして，最も単純な状態をとりだし数式化した後，1段階ずつ複雑化していけば，少しずつではあるが，現実に起こる現象を考えられるようになってくるのだということがわかるだろう。

1 | 揮発性溶媒と不揮発性溶質からなる溶液

まず，前節でもあつかった水溶液の沸点上昇について，今度は式を使って本格的に考えてみよう。

1．相律による検討

P.240で説明したギブズの相律の式を水溶液にあてはめてみよう。

- 成分の数C：溶液は，溶媒と溶質の2成分からなるので$C = 2$だ。
- 相の数P：沸点を考えたいのなら，気体＋液体で$P = 2$だ。
- 自由度F：相律の式「$F = C - P + 2$」より，$F = 2 - 2 + 2 = 2$だ。

混合物の場合は，その素性を表す示強性状態関数として，温度，圧力のほかにモル分率（または濃度）が使われる。この3つのうち2つまでを任意に設定することができるんだ。

沸点上昇について考えるのなら，圧力は1気圧に設定しよう。溶液の飽和蒸気圧が大気圧（1気圧）に達すれば沸騰が起こるからだ。すると，さらにモル分率を種々の値に設定すれば，残りの温度の値は決まってしまうはずだ。つまり**モル分率と温度（沸点上昇度）の関係式ができるはず**だ。この関係式をつくってみよう。

2．クラウジウス・クラペイロンの式による検討

前節の「蒸気圧降下」で，溶媒のモル分率x，溶液の飽和蒸気圧P，純溶媒の飽和蒸気圧P^*の間に以下の式が成り立つことを説明した。

$$P = xP^*$$

通常は，溶液の濃度は溶媒ではなく溶質の濃さで表すから，溶質のモル分率をyとおく。また，$P^* - P$は飽和蒸気圧の下がり幅だから，蒸気圧降下度$\triangle P$とおく。

$$y = 1 - x$$

$$\triangle P = P^* - P$$

以上の3式より，

$$\triangle P = yP^*$$

一方，P.205の式(3)とP.242の式(C)より，

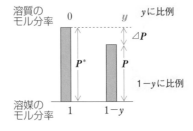

$$\frac{\mathrm{d}P}{\mathrm{d}T} = \frac{PQ}{RT^2}$$

が導かれる。この式に，「$\mathrm{d}P = \triangle P = yP^*$，$\mathrm{d}T = \triangle T_b$（沸点上昇度），$P = P^*$，$Q_{ev}$：溶媒の蒸発熱」を代入すると，$P^*$が辺々消えて次の式になる。

●沸点上昇度を求める式1

沸点上昇度〔K〕   溶質のモル分率

$$\triangle T_b = \frac{RT^2}{Q_{ev}} \times y \qquad \cdots\cdots(1)^*$$

溶媒の蒸発熱

R：気体定数 8.31×10^{-3}〔kJ/(mol・K)〕

T：沸点〔K〕

*：凝固点降下についても同様に考えられる。$\triangle T$を凝固点降下度T_f，Qを凝固点における融解熱，Tを凝固点〔K〕とすればよい。

　溶液の最たるものは水溶液なのだから，具体的な数値をこの式(1)に代入して，水溶液の沸点上昇度を予測する式をつくってみよう。

　溶質のモル分率は，希薄な溶液であれば質量モル濃度 C_M（溶媒1kgあたりに溶かした溶質の物質量〔mol/kg〕）に比例すると近似できる。溶媒が水の場合，1kgの水（分子量18）は $1000/18 \fallingdotseq 56$ mol だから，

溶質のモル分率　　質量モル濃度〔mol/kg〕

$$y = \frac{C_M}{56 + C_M} \fallingdotseq \frac{C_M}{56}$$

1kgの水の物質量

希薄溶液であれば，C_M は56よりはるかに小さいので，$56 + C_M \fallingdotseq 56$

　これを，水の沸点373K（100℃），100℃における水の蒸発熱 $Q_{ev} = 40$〔kJ/mol〕，気体定数 8.3×10^{-3}〔kJ/(mol·K)〕とともに式(1)に代入すると，

$$\triangle T_b = \frac{RT^2}{Q_{ev}} \times y = \frac{8.3 \times 10^{-3} \times (373)^2}{40} \times \frac{C_M}{56} \fallingdotseq 0.52 \times C_M$$

となる。この式は，沸点上昇度が溶液の質量モル濃度に比例することを表している。この**比例定数0.52をモル沸点上昇 K_b** とおくと，

──●沸点上昇度を求める式2

モル沸点上昇

$$\triangle T_b = K_b \, C_M \qquad \cdots\cdots(2)$$

沸点上昇度〔K〕　　　質量モル濃度〔mol/kg〕*

＊：水中でイオンに電離するものは，イオンの全濃度を用いる。

　これは高校で習う沸点上昇の式だ。モル沸点上昇 K_b の算出過程で溶媒に固有な値（沸点，蒸発熱）を用いたことから，K_b は，溶質の種類には無関係だが溶媒の種類によって変わる定数であることがわかる。クラウジウス・クラペイロンの式を用いれば，沸点上昇度 $\triangle T_b$ だけでなく，定数 K_b の値までもが予測可能になるんだ。

2 | 活 量

　NaClなどのイオン結晶は，電離することによって水に溶ける。た
とえば水 1 kgに0.1molのNaClを溶かせば，0.1molのNa^+と0.1molの
Cl^-とに電離して，合計0.2molのイオンが生じる。一般に，この程度
の希薄溶液なら式(2)は成り立つはずだから，この溶液の沸点上昇度を
測ってΔTに代入すれば，$C_M = 0.2$〔mol/kg〕と算出されるはずだ。
しかし，実際には0.2よりも小さな値が算出される。

　これは，陽イオンと陰イオンとの間に強いクーロン力が働き，電離
はしているが，ある程度相手が離れないように束縛しあっているため，
完全に独立した粒子にはなりきれていないからだ。

　これは，本章「第1講」であつかった実在気体に似ている。実在気
体では，分子間力と，分子自身の体積の2つの要因によって理想気体
とのずれが生じたが，溶液では，とくにイオンどうしのクーロン力に
よって計算上のズレが生じる。そこで，実際の溶液の濃度に換えて，
理想性とのズレをすべて濃度に割りつけた数値を用いる。これは，実
在気体のフガシティーと同じ要領だ。この理想溶液とのズレのすべて
を割りつけた，計算上の濃度のことを「活量」という。

活量とは理想溶液とのズレをモル濃度だけに割りつけたもの

③ | 揮発性溶媒と揮発性溶質からなる溶液

次に，溶質もまた蒸発する場合を考えてみよう。例として，ベンゼンとトルエンの混合物を考えよう*。

1．相律による検討

溶質が揮発性になっても，成分，相の数に変わりはないのだから，**①**の不揮発性溶質が溶けた場合と同様に**自由度Fは2**となる。しかし，液体だけでなく気体も混合物になるから，混合物の素性を表す示強性状態関数は1つ増えて，温度，圧力，液相のモル分率（または濃度），気相のモル分率（または分圧）の4つになる。

2．液相のモル分率と気相の圧力との関係

「自由度2」ということは，温度と，液相のモル分率の2つを任意の値に設定すれば，圧力（＝全体の圧力）や気相のモル分率の値は決まった値になるはずだ。このときの様子を考えてみよう。

図に示すように，純粋なベンゼン❶と，純粋なトルエン❷を1：1のモル比で混合して溶液❸にすると，ベンゼンとトルエンの飽和蒸気圧はおのおのを混ぜる前の半分になる。**溶媒，溶質双方が蒸発するときは，お互いに**蒸気圧降下**をしあうんだ。**

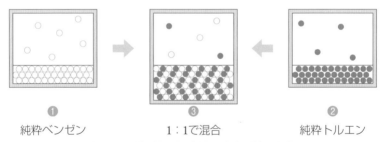

❶	❸	❷
純粋ベンゼン	1：1で混合	純粋トルエン

●揮発性溶媒＋揮発性溶質の溶液の飽和蒸気圧

＊：ベンゼンとトルエンは理想溶液だから，P.260の式 $P = xP^*$ に従う。

ベンゼンとトルエンの圧力の和である「全体の飽和蒸気圧（＝全圧）」
は，混合前の純ベンゼンの飽和蒸気圧と純トルエンの飽和蒸気圧の平
均値になる。全体で1気圧になれば沸騰が起こるから，**混合溶液の沸
点は，純ベンゼンと純トルエンの沸点の間の温度になる。**

　液相のモル分率と気相の飽和蒸気圧との関係は，次の図のようにな
る。**溶媒，溶質の飽和蒸気圧（分圧）は，各々のモル分率に比例する**
んだ。

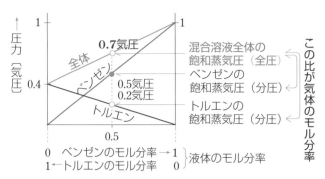

●ベンゼン―トルエン溶液の組成と飽和蒸気圧（80℃）

　液相と気相のモル分率はちがう。図の横軸は液相のモル分率だ。気
相のモル分率は，飽和蒸気圧の比からわかる。

　たとえば，図の横軸（液相モル分率）が0.5（モル比1：1）のと
きの飽和蒸気圧を比べると，**ベンゼン：全体＝5：7**になっている。
つまり，**気相のベンゼンのモル分率は5/7 = 0.71**だ。液層よりも気相
のほうがベンゼンに富んでいる。トルエンよりもベンゼンのほうが気
化しやすいのだから当然だ。このようにして各点での気相のモル分率
も算出し，上の図に重ねてかくと，次頁の図のようになる。

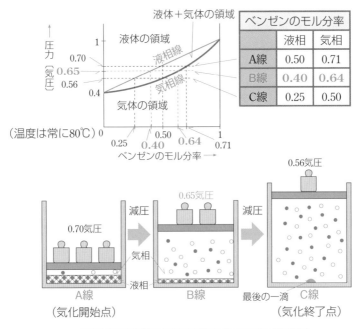

●圧力—組成図（ベンゼン—トルエン，80℃）

この図より，（全体の）圧力と，モル分率がわかれば，そのときベンゼン—トルエンの混合物は全部気体なのか，気体と液体の共存なのか，液体のみなのかがわかる。つまり，このグラフは**一定温度での混合物の状態図**に相当するんだ。

たとえば，80℃に保たれた容器の中にベンゼンとトルエンを同モル量つめたときを考えよう。ベンゼンのモル分率は0.50だ。まず，容器に0.70気圧（0.070MPa）よりも高い圧力をかけているときは，「全部液体」の領域に入っているので，容器の中には液体のみが存在する。

次に，容器内の圧力を0.70気圧（0.070MPa）まで下げる（A線）。図より，ここで境界線をまたいで「気体＋液体」の領域に入るから，容器の中にベンゼンとトルエンの混合気体が生じはじめる。このときは，まだ液相中のベンゼンのモル分率は0.50だ。この液相と平衡にある気相のベンゼンのモル分率は，図より同じ圧力の気相線（A線）の値を読んで0.71とわかる。

さらに圧力を下げ，**0.65気圧**（0.065MPa）のＢ線に達すると，液相のベンゼンのモル分率は**0.40**，気相のそれは**0.64**になる。この数値から，気化しやすいベンゼンが優先的に気相に置き換わっていく一方で，トルエンの気化もそれなりに進行していることがわかる。

　そして，0.56気圧（0.056MPa）のＣ線に達すると，液相の最後の1滴がなくなる。この瞬間，はじめに入れた液体がそっくり気体になるのだから，気相のモル分率は0.50になる。それと平衡にある液相（＝最後の1滴）のベンゼンモル分率は，液相線より0.25とわかる。

3．温度と液相，気相のモル分率との関係

　今度は圧力（全体の圧力）を1気圧の一定値に設定して，温度を変えていこう。このときの，温度とモル分率との関係を表したのが次の頁の図だ。これは，**一定圧力での混合物の状態図**に相当する。

　この図の見方も，前の図と同様だ。たとえば，ベンゼン：トルエン＝1：1の混合物を容器に入れて，圧力1気圧（0.10MPa）のもとで温度を上げていくと，92℃より低温では全部液体だが，92℃（Ａ線）で，溶液全体の飽和蒸気圧が1気圧に達し沸騰がはじまる。温度を92℃に保ったままでは，揮発性の高いベンゼンに富んだ蒸気が抜けるので，液相のベンゼンのモル分率は0.50よりも低下して，沸騰が止んでしまう。温度を上げればまた沸騰がはじまる。

　このようにして温度を上げていくと，Ｃ線（99℃）に達したときに液相の最後の1滴がなくなる。そのときの液相のベンゼンのモル分率は0.30まで低下しており，気体は，はじめに入れた混合物の組成であるベンゼンのモル分率である0.50になる。

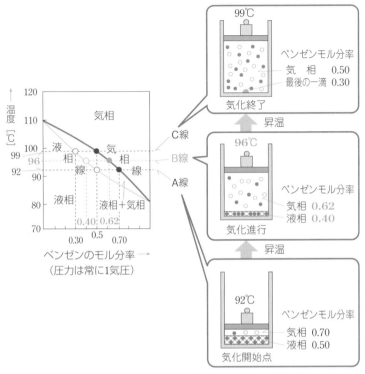

●温度－組成図（ベンゼン－トルエン，1気圧）

4 | 蒸　留

　前頁のように，液体を全部気体にすれば，はじめの液体と同じ組成の気体になる。しかし，十分に多量の液体を用意しておいて，そのうちの少量だけを沸騰させて気体にし，別な場所に導いて冷却すれば，揮発性の高い物質に富んだ液体をとりだせる。これが蒸留とよばれる操作だ。ベンゼンとトルエンは沸点が似かよっているから，1回の蒸留では純ベンゼンは得られない。蒸留でとりだされた液体のさらに少量を蒸留するという具合に，蒸留を繰り返していけば，はじめて純粋なベンゼンが得られる。

　たとえば，ベンゼンモル分率0.50の混合溶液を蒸留しよう。次の図をみると，D線（92℃）まで加熱すれば，溶液は沸騰して，ベンゼン

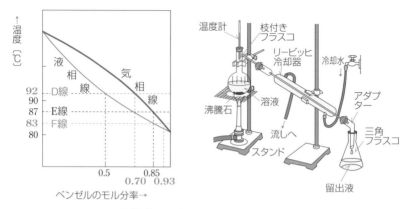

●温度－組成図の応用と蒸留装置

のモル分率0.70の蒸気が発生する。この蒸気をリービッヒ冷却器に導いて冷却し，液体にして受け器に留出させれば，ベンゼンのモル分率0.70（残りはトルエン）の液体が得られる。

　次に，この留出液を，枝つきフラスコの中の液体と入れ替えて再び加熱していくと，今度は液相のモル分率のほうが0.70になるのだから，87℃（E線）で沸騰がはじまる。蒸気のモル分率は気相線より0.85とわかる。

　これを留出させて液体にしてから，その留出液をさらに蒸留すると，今度は83℃（F線）で沸騰して，ベンゼンのモル分率0.93の留流出液が得られる。

　蒸留を繰り返すと溶液の量は減っていくが，揮発性が高いほうの物質の純度が100％に近づいていく。この場合も，あと数回蒸留を繰り返せば，ほぼ100％のベンゼンが得られるだろう。

　このように，温度－組成図を利用すれば，**どのような条件でどれだけ蒸留を繰り返せば目的の純度になるかを予測できる**。この理論は，化学工業における蒸留塔の設計に応用されている。

5 │ 水蒸気蒸留

　これまでは混合する2成分系をあつかってきたが，水と油のように混合しない揮発性物質2成分系の蒸気圧はどうなるのだろうか。例として，水とニトロベンゼンを混濁*させた状態を考えよう（➡図）。

　水とニトロベンゼンは親和しないから，水の蒸発，凝縮はともに水面のみで起こるし，ニトロベンゼンの蒸発，凝縮もともにニトロベンゼンの液面のみで起こる。けっきょく，純粋な水とニトロベンゼンを別々の容器に並べて置いたのと同じことになり，蒸気圧降下は起こらない。

　混濁液全体の飽和蒸気圧は，純水の飽和蒸気圧と，純ニトロベンゼンの飽和蒸気圧との和になる。全体の飽和蒸気圧が1気圧になれば沸騰するのだから，この**混濁液は，水の沸点100℃よりも低温で沸騰する**。

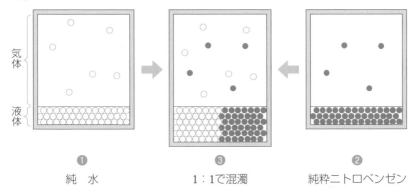

気体
液体

❶　純　水　　　　　　❸　1：1で混濁　　　　❷　純粋ニトロベンゼン

●混合しない揮発性2成分混濁液の飽和蒸気圧

　つまり，水を共存させれば，ニトロベンゼン（沸点211℃）のような分解しやすい高沸点の油性物質を，100℃以下の低温で蒸留できる。留出液は自然に水とニトロベンゼンに分離するのだから，簡単に純粋なニトロベンゼンをとりだすことができる。このように，**沸点が高く水と混合しない有機化合物を，水と混濁させ100℃以下で蒸留する方法**を水蒸気蒸留という。

＊：混合しない液体をいっしょにすると，上相と下相とに分離してしまう。「混濁」とは，これをかき混ぜ続けるという意味だ。

まとめ　揮発性溶質，不揮発性溶質

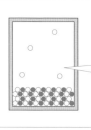

純溶媒の飽和蒸気圧

$$\varDelta P = P^* \times y$$

蒸気圧降下度　　溶質のモル分率

定数（モル沸点上昇）

$$\varDelta T_b = K_b \times C_M \quad \cdots\cdots(2)$$

沸点上昇度　　溶質の質量モル濃度

全体の飽和蒸気圧は
溶媒のモル分率に比例

→ 圧力減少幅は溶質のモル分率に比例

↑ 溶質が不揮発性のとき

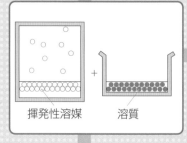

揮発性溶媒　　溶質

混じり
あわない
とき

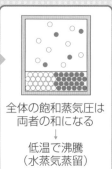

全体の飽和蒸気圧は
両者の和になる
↓
低温で沸騰
（水蒸気蒸留）

↓ 溶質が揮発性のとき

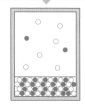

全体の飽和蒸気圧は
両者の平均値になる

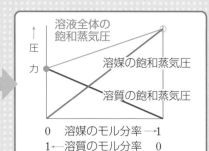

270

 **例題1** ┃ **沸点上昇**

　ある土壌に含まれる塩分の量を測定するため，1kgの土を500gの純水とよく混ぜたのち，上澄み液の沸点を測ると，1気圧で100.26℃だった。土壌中の塩化ナトリウムが完全に上澄み液に溶けだし，かつそれ以外の物質は溶けださなかったとして，この土壌1kg中には何gの塩化ナトリウムが含まれていたか。有効数字2桁で答えよ。

　ただし，原子量はNa＝23，Cl＝35.5，純水の1気圧下での沸点は100.00℃，水のモル沸点上昇K_bは0.52〔K·kg/mol〕とせよ。また，塩化ナトリウムは水中で$NaCl \longrightarrow Na^+ + Cl^-$のように完全に電離する。

解答　7.3〔g〕

解説　土壌1kg中に塩化ナトリウムがxg含まれていたとすると，P.261の式(2)にあてはめて，

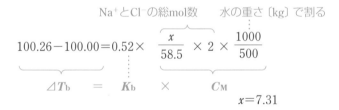

$$100.26 - 100.00 = 0.52 \times \frac{x}{58.5} \times 2 \times \frac{1000}{500}$$

$$\Delta T_b \qquad = \qquad K_b \qquad \times \qquad C_M$$

$$x = 7.31$$

例題2 ▎揮発性物質どうしの混合物

　以下の図1，図2は，ともに揮発性である物質Aと物質Bがモル比1：1で混合した溶液の圧力—組成図と，温度—組成図である。これをもとにして，密閉容器にこの溶液を入れたときの様子について記述した以下の文から，誤ったものを1つ選べ。

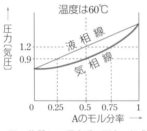

図1 物質A＋B混合系の圧力—組成図　　図2 物質A＋B混合系の温度—組成図

❶　容器内を0.6気圧，60℃に保つと，混合物は全部気体になる。

❷　容器内を60℃に保って加圧していくと，0.9気圧で凝縮（液化）がはじまり，1.2気圧に達したとき，気体が消失する。

❸　容器内を1気圧，55℃に保つと，A：B≒7：3（モル比）の混合気体と，A：B≒4：6（モル比）の溶液の共存になる。

❹　容器内を1気圧に保って昇温していくと，48℃で沸騰がはじまり，70℃に達したところで液体が消失する。

❺　1気圧で，多量の溶液を容器に入れ，このうち少量を沸騰，留出させたときの留出液の組成は，A：B≒1：1になる。

解答 ⑤

解説 ❶, ❷　1気圧以外の圧力で
も, 60℃なら図1の圧力―組成図が
使える。Aのモル分率0.5（A：B＝1：
1）, 圧力0.6気圧の点（Ⅰ）は, 液
相線と気相線に囲まれた気液共存の
ゾーンよりも低圧だから, 全部気体
で存在するとわかる。❶は正しい。

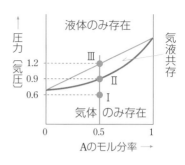

❷　この混合気体を圧縮するとき
は, モル分率0.5のところに縦一線を引き, 気相線, 液相線との交点を
読んでいけばいい。すると, 0.9気圧で最初の液滴が現れはじめ（Ⅱ）,
その後は加圧とともに凝縮が進行し, 1.2気圧で最後の気体が消失する
（Ⅲ）ことがわかる。

❸, ❹, ❺　60℃以外の温度でも, 1気圧なら図2の温度―組成図
が使える。縦軸55℃で横一線を引く
と, 液相線はAのモル分率0.40（Ⅳ）,
気相線のそれは0.70（Ⅴ）と読める
から, ❸は正しい。

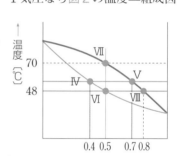

また, モル分率0.5のところに縦
一線をひくと, 48℃で液相線に達し
て沸騰がはじまり（Ⅵ）, 70℃で気
相線に達して最後の一滴が消失する
（Ⅶ）ことがわかるから❹も正しい。沸騰しはじめの48℃での組成は,
縦軸48℃に横一線を引いたときの気相線との交点からA：B＝8：2と
わかる（Ⅷ）。したがって, ❺が誤り。

例題3 ┃蒸　留　塔

　図1は，石油の精製などにも使われる蒸留塔の模式図である。下部から，物質CとDがモル比2：8で混合した気体を送り続けると，やがて，液体とその段の気体とは，1気圧において同じ温度になり，気体とその上の段の液体とは，同じ組成になる。

　第3段から留出する液体中のCのモル分率はおよそいくらか。図2を用いて答えよ。

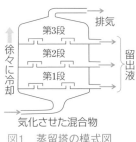

図1　蒸留塔の模式図

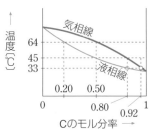

図2　C＋D混合系の温度―組成図

解答　0.80

解説　各段の液相，気相の組成と温度は次のとおりになる。

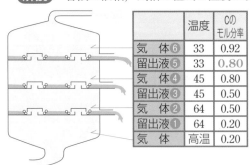

	温度	Cのモル分率
気　体 ⑥	33	0.92
留出液 ⑤	33	0.80
気　体 ④	45	0.80
留出液 ③	45	0.50
気　体 ②	64	0.50
留出液 ①	64	0.20
気　体	高温	0.20

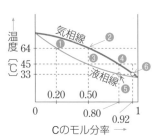

結晶格子

⓪ 切り火と水晶発振

　江戸時代，火打石を火打金と打ちあわせて出る火花で，毎朝妻は夫を送り出したといわれる。清めの力の象徴である火を放つことで，その人の無事を祈ったのだ。

　二酸化ケイ素の結晶に，ある方向から圧力をかけると電気が発生する。これを圧電効果という。火打石に使われるケイ石は，二酸化ケイ素の小さな結晶が集合した多結晶だ。この石から発生した電気火花が，削りとられた鉄の粉に引火して火を放つのだ。

　逆に，二酸化ケイ素の結晶に電圧をかけると結晶は一定の周期で振動する。これを利用したのがクオーツ時計だ。この周波数は結晶の厚みで決まるため，振動子板には水晶片が使われる。水晶は，二酸化ケイ素の単結晶だ。単結晶とは，結晶片全体でみても原子が一定方向に並んでいて，不連続な面が存在しない固体だ。

　固体は，原子が規則正しく並んだ結晶を形成している*。液体が冷やされるとき，あちこちで結晶が成長すると，微細な結晶粒子が集合した多結晶になるが，1か所から結晶化が進めば単結晶ができる。
「第4講」では，結晶をあつかおう。何気なく使っているアルミニウムや食塩などの固体も，原子やイオンなどの粒子が驚異的な規則性をもって並んでいるものなのだということがわかるだろう。

＊：ただし，固体には，ガラスなどのアモルファス（一定の繰り返し単位をもたない ⇒ P.76）もある。

1 金属の結晶格子

　一定の大きさの粒子を最も密に並べる方法（＝最密充填）は決まっている。金属の単体は，一定の大きさをもった原子が集合してできているため，最密充填をとるものが多い。では，最密に球をつめるとどういう形になるのだろうか？

　ここでは，金属の結晶格子をあつかおう。できれば，結晶構造をいろいろな角度からイメージできるようにしたい。

1 │ 単純立方格子

　図の左側のように，x, y, z 軸方向に球を並べていった構造を単純立方格子という。この構造では，全空間のうち約52％を球が占めるにすぎず，残りの48％はすき間になっている。実際にこの構造をとる金属はPo（ポロニウム）のみであり，他の金属はもっと原子が密につまった構造をとる。単純立方格子の最小単位は下図に示す立方体だ。このように，向きを一定にして積み重ねれば結晶全体ができるような構造単位で，最小になるようにとったものを単位格子という。

2 │ 体心立方格子

　一方，図の右側のように球を並べたものが体心立方格子だ。球は，全空間の約68％を占め，残り32％がすき間になる。

原子の中心だけをプロットすると

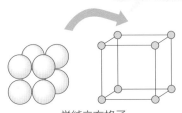

単純立方格子

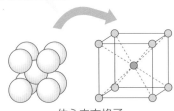

体心立方格子

●単純立方格子と体心立方格子

常温で体心立方格子をとる金属は，周期表上の**1族，5族，6族に多い**。これらの族の原子は，最外殻のsまたはd軌道が不対電子のみで満たされている（＝**半閉殻**）という共通点がある。しかし，常温付近で最密充填をとる金属の中にも，高温では体心立方格子に変化するものがあり，金属の結晶構造を予測するのは難しい。

❸ 最密充填

1．六方最密格子

球をできるだけ密につめてみよう。まず，平面的には次の図の❶よりも❷のつめ方のほうが密だ。次に，❷の平面どうしを積み重ねるのなら，❸の積み方をすれば密につまる。これが，「一定の大きさの球を最も密につめる方法」だ。球は全空間の約**74%**の体積を占める。

❶ すき間が多い

❷ 密な並べ方

❸ 密な積み重ね方
（A層とB層）

●最密充填

すき間につめれば密になる

上の図で説明した2つの層（AとB）が交互に積み重なってできる最密充填構造が，次のページの図の六方最密格子だ。単位格子は「**菱形の角柱**」になる。

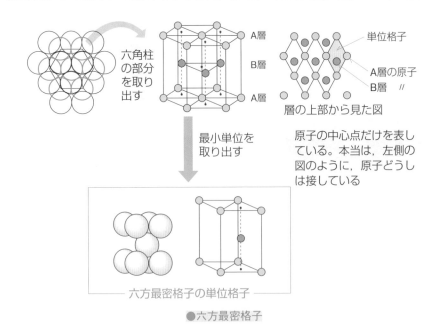

六角柱の部分を取り出す

A層
B層
A層

単位格子
A層の原子
B層 〃

層の上部から見た図

原子の中心点だけを表している。本当は，左側の図のように，原子どうしは接している

最小単位を取り出す

六方最密格子の単位格子

●六方最密格子

2．面心立方格子（立方最密格子）

　最密充塡のA，B層の上に，さらにC層を積み上げたのが，面心立方格子だ（➡次の図）。この単位格子は，見方を変えて立方体の形をとるのがいちばん簡単になる。この立方体の中心を通る対角線（＝体対角線）の方向に層が積み重なっていることになる。

　2族のBe，Mgと，3, 4, 7, 8, 12族は六方最密格子を，アルカリ土類金属（＝2族のCa以下）と，9, 10, 11族は面心立方格子をとる傾向にあるが，同じ最密充塡構造なのに，なぜ複数のちがった構造をとるのかはよくわかっていない。

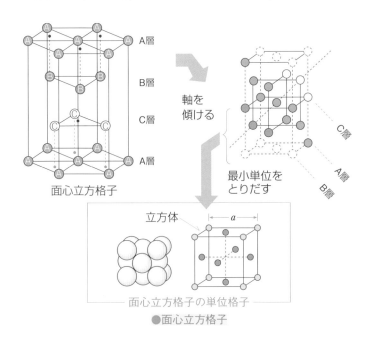

A層 / B層 / C層 / A層

面心立方格子

軸を傾ける

C層 / A層 / B層

最小単位をとりだす

立方体 / a

面心立方格子の単位格子

●面心立方格子

まとめ　金属の結晶格子

結晶格子	単純立方格子	体心立方格子	面心立方格子	六方最密格子
空間占有率	52%	68%	74%	74%
構				

原子の中心を点で表すと…

| 造 | | | | |

アルミニウムは，単位格子の1辺の長さ（＝格子定数）が0.40nm（＝4.0×10^{-10}m）の面心立方格子をとる。厚さ0.10mm（1.0×10^{-4}m）のアルミニウム箔は，原子何層が積み重なったものか？ ただし，箔の断面はP.279の図の六角柱の断面と一致するとし，$\sqrt{3} = 1.73$とせよ。

解答 4.3×10^5〔層〕

解説 面心立方格子では単位格子の体対角線の長さが下図（P.279の図）の六角柱の高さに一致する。

$$1.0 \times 10^{-4} \div \frac{4.0 \times 10^{-10} \times \sqrt{3}}{3} = 4.33 \times 10^5$$

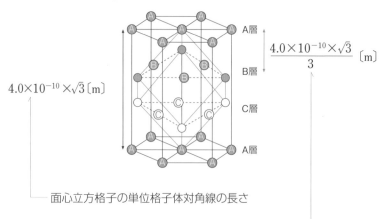

$4.0 \times 10^{-10} \times \sqrt{3}$〔m〕

$\dfrac{4.0 \times 10^{-10} \times \sqrt{3}}{3}$〔m〕

面心立方格子の単位格子体対角線の長さ

最密充填構造の層間距離

2 イオン結晶の結晶格子

2種の粒子からなる結晶の場合は，半径の比が結晶構造を決める重要な要因になる。化学結合をしている粒子どうしは，接触しなければならないからだ。

ここでは，イオン結晶をあつかおう。陽イオンと陰イオンの❶電荷の比と，❷半径の比を考えれば，イオン結晶の構造を大まかに予測することが可能になるのだということがわかるだろう。

1 | 金属結晶からイオン結晶への応用法

イオン結晶の構造は，金属結晶の応用だと考えるとわかりやすい。結晶格子の応用法には，大きく分けると❶置換型と❷挿入型の2つがあるが，ここであつかうイオン結晶はすべて❷の挿入型で説明できる。挿入型とは，陽，陰イオンのうち一方のイオンが金属結晶と同じ構造をとり，そのすき間に他方のイオンが挿入されたものと考えられるタイプの構造だ*。

そこで，単純立方格子と最密充填構造に対する挿入のしかたを説明しておこう。

*：構造を理解するためにこう考えるのであって，実際に金属結晶と非金属単体が反応する際にこのような置換や挿入が行われるという意味ではない。

1．単純立方格子をとる原子に対する他の原子の挿入

単純立方格子の中心は，**8個の原子によって正六面体状に囲まれた**すき間になっている（➡図）。このすき間のことを，とり囲んでいる原子の数をとって「8配位すき間」とよぶことにしよう。

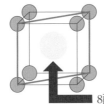

8配位すき間

●単純立方格子中の「8配位すき間」

2. 最密充塡構造をとる原子に対する他の原子の挿入

六方最密格子や面心立方格子には，6個または4個の原子で囲まれた大小2種類のすき間が存在する。下図の❶は，6個の原子がつくる**正八面体の中心にできるすき間**をさしている。❷の黒点は，六方，面心の各単位格子におけるすき間の位置をさしている。このすき間を，「6配位すき間*」とよぶことにしよう。

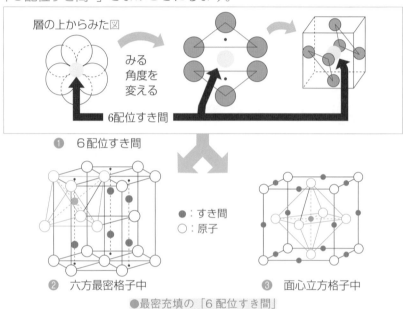

層の上からみた図

みる角度を変える

6配位すき間

❶　6配位すき間

●：すき間
○：原子

❷　六方最密格子中　　　❸　面心立方格子中

●最密充塡の「6配位すき間」

＊：「o－サイト」（o は octahedron「八面体」の頭文字）ともよばれる。

一方，次の図に示すように，4つの原子によって正四面体状に囲まれたすき間を「4配位すき間[*1]」とよぶことにしよう。

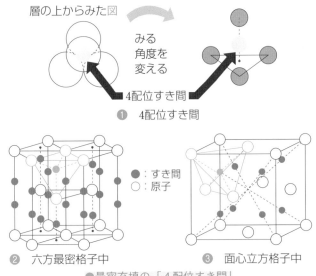

層の上からみた図

みる
角度を
変える

4配位すき間

❶　4配位すき間

● ：すき間
○ ：原子

❷　六方最密格子中　　　　　❸　面心立方格子中

●最密充塡の「4配位すき間」

2 ｜ 代表的なイオン結晶

　では，実際のイオン結晶の構造をみていこう。イオン結晶がどの構造をとるかを決める要因として，まず構成イオンの個数の比（電荷の比に由来する）が関係する[*2]。典型例として，次頁の表と次に示す1〜6の6つの構造をとり上げよう。

＊1：「t−サイト」（tはtetrahedron「四面体」の頭文字）ともよばれる。
＊2：専門的には，「ポーリングの第二法則」という。

■代表的なイオン結晶の分類

陽，陰イオンの個数の比	使うすき間	結晶構造の名称	図
1：1	8配位	塩化セシウム型	1
	6配位	塩化ナトリウム型	2
	4配位	閃亜鉛鉱型	3
1：2	8配位	蛍石型	4
	6配位	ルチル型	5
	4配位	クリストバライト型	6

1．塩化セシウム（CsCl）型の結晶構造*

Cs^+，Cl^- ともに単純立方格子をとり，互いに，異符号イオンの8配位すき間に挿入される。

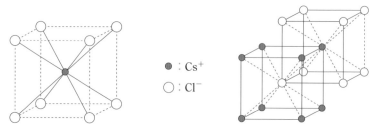

●：Cs^+
○：Cl^-

●CsCl 型の単位格子（立方体）

*：体心立方格子の置換型とみることもできる。

２．塩化ナトリウム（NaCl）型の結晶構造

Na^+，Cl^-ともに面心立方格子をとり，互いに，異符号イオンの６配位すき間全部に挿入される。

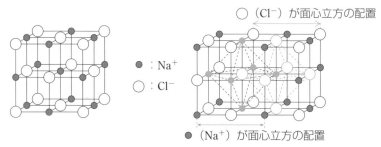

●NaCl 型の単位格子（立方体）

３．閃亜鉛鉱型をとる硫化亜鉛（ZnS）の結晶構造

Zn^{2+}，S^{2-}ともに面心立方格子をとり，互いに，異符号イオンの四配位すき間８か所のうち，飛び飛びの４か所に挿入される。

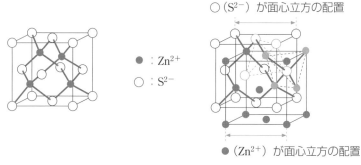

●ZnS型の単位格子（立方体）

4．蛍石型をとるフッ化カルシウム（CaF₂）の結晶構造

- Ca²⁺：面心立方格子の配列，F⁻の8配位すき間の半分に挿入される。
- F⁻：単純立方格子の配列，Ca²⁺の4配位すき間全部に挿入される。

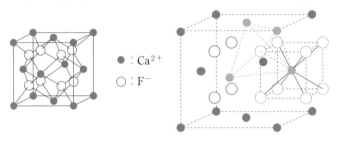

●CaF₂型の単位格子（立方体）

5．ルチル型をとる酸化チタン（Ⅳ）（TiO₂）の結晶構造

- Ti⁴⁺：横に伸びた体心立方格子の配列，O²⁻の6配位すき間に挿入される。
- O²⁻：ひずんだ六方最密格子の配列*，3つのTi⁴⁺によって正三角形状に囲まれた3配位すき間に挿入される。

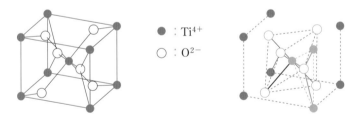

●TiO₂型の単位格子（長方体，左右の断面は正方形）

*：長方体の長手方向に，2つの三角形が交互に積み重なっているとみることができる。

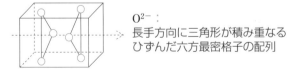

O²⁻：
長手方向に三角形が積み重なる
ひずんだ六方最密格子の配列

6．クリストバライト型をとる二酸化ケイ素・SiO₂の結晶構造

- Si⁴⁺：体心立方格子の配列，4つのO²⁻によって正四面体状に囲まれた4配位すき間に挿入される。
- O²⁻：面心立方格子の配列，2つのSi⁴⁺によって直線状に囲まれた2配位すき間に挿入される。

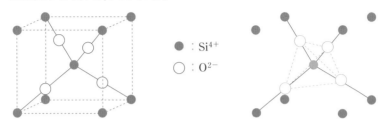

● ：Si⁴⁺
○ ：O²⁻

●SiO₂型の単位格子（立方体）

イオンの個数の比によって結晶構造が変わってくるのはわかるのですが，8配位，6配位といったすき間の種類は何によって決まってくるのですか？

3 │ イオン結晶構造の予測

　イオンは，クーロン引力によってできるだけ多くの異符号イオンと接触しようとする。ただし，次の図の❶のように，同符号イオンが接触して異符号イオンの接触が断たれると，小さなイオンは偏っていき（❷），配位数の少ない構造へと変化する（❸）。

　❸のように同符号イオンどうしが接触しない範囲内で，**できるだけ多くの異符号イオンと接触する構造が安定**なんだ*。

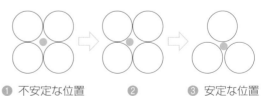

❶ 不安定な位置　　❷　　❸ 安定な位置

●イオン半径比と配位数との関係

*：「ポーリングの第一法則」という。

異符号イオンが多ければいいというものではない

2配位

4配位 浮いてる

イオンは，自身の大きさよりもせまい「すき間」に挿入されるということですね。

そういうことだ。具体的に数値で考えてみよう。大きいほうのイオンの半径をR，そのすき間にぴったりはまる球の半径をxRとしよう。小さいほうのイオンの半径をrとすれば，

$$r > xR$$

イオン半径　　すき間の半径

つまり，$r/R > x$のとき安定なイオン結晶になるんだ（➡次頁の表）。

xの意味がよくわかりませ〜ん。

xは，「イオン半径の比（r/R）がxを超える値であれば同符号イオンが接触せず安定な結晶になれる」という意味の値で，結晶構造（NaCl型，CsCl型，……）ごとに幾何学的に算出することができる値だ（「極限半径比」*とよばれている）。

*：たとえば6配位型のイオン結晶である NaCl 型の場合は，以下のように x の値を算出することができる。

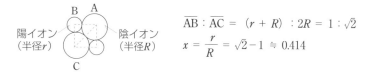

$$\overline{AB} : \overline{AC} = (r + R) : 2R = 1 : \sqrt{2}$$

$$x = \frac{r}{R} = \sqrt{2} - 1 \fallingdotseq 0.414$$

■すき間の半径とイオン半径比との比較

物質	r/R 値	大きなほうのイオンがつくる すき間 /x 値	結晶構造
CsCl	0.93	8配位/0.73	塩化セシウム型
CaF$_2$	0.73		蛍石型
NaCl	0.52	6配位/0.41	塩化ナトリウム型
TiO$_2$	0.49		ルチル型
ZnS	0.40	4配位/0.22	閃亜鉛鉱型
SiO$_2$	0.26		クリストバライト型

　表をみると，ほとんどのイオン結晶が $r/R > x$（イオンがすき間より大きい）となる範囲内で**最大の配位数をとっている**ことがわかる。ただし，このイオン半径の値は「ポーリングのイオン半径」を用いて算出したものであり，実際の半径とは若干のズレがあるから，目安程度と考えよう。

4 | 分子結晶，共有結合の結晶

分子結晶については，金属の結晶格子における金属原子を，そのまま分子に置き換えればよい。**ファンデルワールス力**による結びつきは，方向が決まっていない。したがって，多くの分子結晶は，面心立方格子などの最密充填構造をとる。

←O原子
←C原子

立方体の頂点と面上にCO_2分子が配置される

●ドライアイス（二酸化炭素・CO_2）の結晶

これに対し，氷のように**水素結合を行う結晶**や，**共有結合の結晶**については，原子からどの方向に電子対が伸びるかが決まっているために（➡ P.92），結晶の構造が決まってくる。たとえば**4価**（＝4本うで）の炭素とケイ素がつくる炭化ケイ素は，**4配位**の閃亜鉛鉱型をとるし，ダイヤモンドは閃亜鉛鉱の全粒子を炭素原子に置き換えた構造をとる。また，黒鉛の炭素は3原子と共有結合しているから，**3配位の結晶構造**をとる。

●ダイヤモンドの結晶

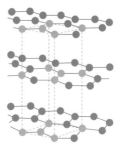

●黒鉛の結晶

まとめ イオン結晶

結晶構造	各イオンの配置		つくるすき間
塩化セシウム型	単純立方	8配位	●Cs⁺ ○Cl⁻
塩化ナトリウム型	面心立方	6配位	●Na⁺ ○Cl⁻
閃亜鉛鉱型	面心立方	4配位	●Zn^{2+} ○S^{2-}
蛍石型	Ca^{2+} 面心立方	4配位	●Ca^{2+} ○F⁻
	F⁻ 単純立方	8配位	
ルチル型	Ti^{4+} 疑似体心立方	3配位	●Ti^{4+} ○O^{2-}
	O^{2-} 疑似六方最密	6配位	
クリストバライト型	Si^{4+} 体心立方	2配位	●Si^{4+} ○O^{2-}
	O^{2-} 面心立方	4配位	

例題 1 ▎ イオン結晶

イオン結晶は，同符号イオンが接触しない範囲内で，なるべく多くの異符号イオンと接触しようとする。この考え方にしたがって，以下にあげる(1)〜(4)のイオン結晶の構造が何型になるかを予測せよ。ただし，以下に示すポーリングのイオン半径の値を用い，結晶構造はこの節で説明したものから選べ。

〈ポーリングのイオン半径（単位：nm）〉

NH^{4+} : 0.15, Ce^{4+} : 0.11, Pb^{4+} : 0.084

Ni^{2+} : 0.072, Cl^- : 0.18, O^{2-} : 0.14

(1) NiO (2) NH_4Cl

(3) CeO_2 (4) PbO_2

解答 (1) 塩化ナトリウム型 (2) 塩化セシウム型
(3) 蛍石型 (4) ルチル型

解説 (1), (2)は，陽イオン：陰イオン＝1：1の個数比だから，CsCl型，NaCl型，ZnS型の中から，(3), (4)は陽イオン：陰イオン＝1：2だからCaF_2型，TiO_2型，SiO_2型の中から選ぶことになる。

P.289に示した方法で考えてみよう。いずれも陰イオンの半径のほうが大きいので，r/R＝陽イオンの半径／陰イオンの半径と，x＝すき間の半径／陰イオンの半径とを比べ，$r/R > x$ の範囲内でなるべく配位数の大きい構造を選べばよい。

計算結果を以下の表に示す。

	r/R 値	予想される結晶構造	（x 値）
(1) NiO	0.51	塩化ナトリウム型	$(0.41 < x < 0.73)$
(2) NH_4Cl	0.83	塩化セシウム型	$(0.73 < x \leqq 1)$
(3) CeO_2	0.79	蛍石型	$(0.73 < x \leqq 1)$
(4) PbO_2	0.60	ルチル型	$(0.41 < x < 0.73)$

　これらの予測結果は，実際の構造と一致している。しかし，現実には同じ半径比でももっとちがう構造が考えられるときもある。

　たとえば，硫化亜鉛（ZnS）は，面心立方格子の4配位すき間に挿入される「閃亜鉛鉱型」の代表としてあつかったが，生成条件によっては，六方最密格子の4配位すき間に挿入される「ウルツ鉱型」をとることもある。これらは，同じ4配位だから半径の制約は同じだ。陽，陰各イオンの配列が面心立方なのか，六方最密なのかだけがちがう。

　また，半径比からは予測できない構造をとるものも多い。たとえば，$CuCl_2$は，半径比$r/R = 0.53$という数値から，「塩化ナトリウム型」になると考えられるものの，実際は「閃亜鉛鉱型」をとる。

　この問題では，思考する範囲＝「枠」を設定したために構造が決まったが，現実に結晶構造を完璧に予測するのは難しいようだ。

◆さいごに

　政治家は，よく「〜の枠組みの中で…」と発言する。それを聞いて，「枠」にはめること自体を全否定する人もいるが，詳細に考えるためには，必ず思考の方法，対象を設定しなければならない。「枠」自体をつくらなかったら，いつまでたっても詳細な思考ができないんだ。

　科学という手法は，「閉じた系」，すなわち一定の「枠」の中でしか使えない。我々はやみくもに科学にすがるのではなく，常に「どの範囲で，どの現象について，どの手法を用いて考えるのか」を念頭におく必要があるんじゃないだろうか。科学者は，あくまでもこのような「枠」の中で思考せざるを得ない「井の中の蛙」なんだ。

　しかし，カエルは井を大きくすることはできないが，人間は「科学の枠」を広げていくことができる。ここに科学が秘める無限の可能性があるんだ。キミもこれから「科学を広げる」一員になろう！

計算式一覧

式	ページ
スレーターの規則（有効核電荷の求め方） $$Z^* = Z - S$$ Z^*＝有効核電荷　　Z：陽子数　　S：遮蔽定数	55
双極子モーメントとイオン結合性の式 $$e \times r \times \frac{a}{100} = \mu$$ a：イオン結合性　　　　e：電気素量 r：原子間距離　　　　　μ：双極子モーメント	96
シュレーディンガーの波動方程式 $$H\Psi = E\Psi$$ H：ハミルトン演算子　　　Ψ：波動関数 E：原子内部のエネルギー	111
物質量〔mol〕の算出 質 量〔g〕　　個 数　　気体の体積〔L〕 　↓÷モル質量　↓÷アボガドロ定数　↓÷モル体積 　〔g/mol〕　　〔/mol〕　　　〔L/mol〕 物質量〔mol〕	125 126
濃度の算出 溶液の値　×$\frac{\%}{100}$ or ×$\frac{ppm}{10^6}$　溶質の値 質 量〔g〕　→　質 量〔g〕 　↑×密度〔g/cm³〕　　↓÷モル質量〔g/mol〕 体積〔cm³〕　　　　　物質量〔mol〕 　　　　　　　　　　　↓÷溶液の体積〔L〕 　　　　　　　　　　モル濃度〔mol/L〕	135 136 137

式	ページ
内部エネルギー変化量の算出 $$\varDelta U = q + w$$ $\varDelta U$：内部エネルギー変化　　q：系に加わった熱 w：系に加わった仕事	161
エンタルピー変化量の算出 $$\varDelta H = q_{\mathrm{p}}\ (25℃,\ 1気圧のとき = -Q)$$ $\varDelta H$：エンタルピー変化 q_{p}：等温・等圧で系に加わった熱 Q：反応熱　　（1気圧＝0.101MPa）	166
エンタルピー変化量と内部エネルギー変化量の関係 $$\varDelta H = \varDelta U + p\varDelta V$$ $\varDelta H$：エンタルピー変化　　$\varDelta U$：内部エネルギー変化 p：圧力　　　　　　　　　$\varDelta V$：体積変化	167
エントロピー変化の算出 　　　等温での体積変化時　　：$\varDelta S = nR\log_{e}(V_2/V_1)$ 　　　等体積での温度変化時：$\varDelta S = C_{\mathrm{v}}\log_{e}(T_2/T_1)$ 　　　等圧での温度変化時　：$\varDelta S = C_{\mathrm{p}}\log_{e}(T_2/T_1)$ 　　　等圧での状態変化時　：$\varDelta S = \dfrac{\varDelta H}{T}$ $\varDelta S$：エントロピー変化量　　n：物質量 R：気体定数　　V：体積　　T：絶対温度 C_{v}：定積熱容量　　C_{p}：定圧熱容量 $\varDelta H$：エンタルピー変化量	175

式	ページ
ギブズエネルギー，ヘルムホルツエネルギー変化量の算出 $$-\varDelta G = -\varDelta H + T\varDelta S \qquad -\varDelta A = -\varDelta U + T\varDelta S$$ $\varDelta G$：ギブズエネルギー変化量　　$\varDelta H$：エンタルピー変化量 T：絶対温度　　$\varDelta S$：エントロピー変化量　　$\varDelta A$：ヘルムホルツエネルギー変化量　　$\varDelta U$：内部エネルギー変化量	185 190
濃度と反応速度，化学平衡の関係 **例→** $H_2 + I_2 \rightleftharpoons 2HI$ 　　　右向きの反応の反応速度式：$v_1 = k_1 [H_2][I_2]$ 　　　左向きの反応の反応速度式：$v_2 = k_2 [HI]^2$ **化学平衡の法則** $$\frac{k_1}{k_2} = K = \frac{[HI]^2}{[H_2][I_2]}$$ v_1, v_2：反応速度　　k_1, k_2：反応速度定数 $[H_2]$, $[I_2]$, $[HI]$：H_2, I_2, HI のモル濃度 K：平衡定数（温度によって変わる定数）	199 200
温度と反応速度，化学平衡の関係 $$\frac{dk}{dT} = \frac{Ek}{RT^2} \qquad \log_e k = -\frac{E}{RT} + A$$ $$\frac{dK}{dT} = \frac{\varDelta H K}{RT^2} \qquad \log_e K = -\frac{\varDelta H}{RT} + A'$$ k：反応速度定数　　E：活性化エネルギー　　A, A'：定数 R：気体定数8.31×10^{-3}〔kJ/(mol・K)〕　　T：絶対温度〔K〕 K：平衡定数　　$\varDelta H$：反応エンタルピー	202 203 205

式	ページ
理想気体の状態方程式 $\qquad PV = nRT$ P：圧力　　V：体積　　n：物質量 R：気体定数　　T：絶対温度	220
実在気体のファンデルワールス状態方程式 $\qquad \left(p + \dfrac{n^2}{v^2}a\right)(v - nb) = nRT$ p：実在気体の圧力　a：分子間力の大きさを表す定数 v：実在気体の体積（＝気体が入っている容器の体積） b：分子自身の体積を表す定数 n：物質量　R：気体定数　T：絶対温度	226
ギブズ相律の式 $\qquad F = C - P + 2$ F：自由度　　C：成分の数　　P：相の数	240
クラウジウス・クラペイロンの式（飽和蒸気圧を求める式） $\qquad \log_e \dfrac{P}{P^*} = \dfrac{Q_{ev}}{R}\left(\dfrac{1}{T^*} - \dfrac{1}{T}\right)$ P：圧力　　　　　P^*：三重点の飽和蒸気圧 T：絶対温度　　　T^*：三重点の絶対温度 Q_{ev}：蒸発熱　　　R：気体定数	244
沸点上昇度を求める式 $\qquad \varDelta T_b = \dfrac{RT^2}{Q_{ev}} \times y \qquad \varDelta T_b = K_b C_M$ $\varDelta T_b$：沸点上昇度　　T：沸点　　R：気体定数 Q_{ev}：溶媒の蒸発熱　　y：溶質のモル分率 K_b：モル沸点　　C_M：質量モル濃度	260 261

関数，定数の記号索引

記号	名称	意味
A	ヘルムホルツエネルギー	反応の進行方向を表す（等体積条件）
C	成分の数	何種類の物質が入っているか
C_M	質量モル濃度	溶媒1 kgに溶かした溶質〔mol〕
C_p	定圧熱容量	比熱（等圧条件）
C_v	定積熱容量	比熱（等体積条件）
E	活性化エネルギー	遷移状態になるのに必要なエネルギー
e	電気素量	電子1個が運ぶ電気量
E	原子内部のエネルギー	波動方程式で使用
F	自由度	温度，圧力，濃度などの制約
G	ギブズエネルギー	反応の進行方向を表す（等圧条件）
H	エンタルピー	潜在エネルギー（等圧条件）
H	ハミルトン演算子	波動方程式での演算法を指定したもの
K	平衡定数	生成物質と反応物質の濃度比
k	反応速度定数	同濃度での反応の速さを表す
K_b	モル沸点上昇	1 mol/kgあたりの沸点上昇度
n	物質量	モル
P	気体の圧力	
P	相	固体，液体，気体の別
Q	反応熱	1 mol反応するときに出入りするエネルギー
q	熱	仕事でなく熱の形で出入りするエネルギー
R	気体定数	
r	距離	原子間距離など
S	エントロピー	乱雑さ
S	遮蔽定数	有効核電荷を算出するときの定数
T	絶対温度	℃ + 273
U	内部エネルギー	潜在エネルギー（等体積条件）
V	気体の体積	
v	反応速度	単位時間あたりのmol/L 変化量
w	仕事	熱でなく仕事の形で出入りするエネルギー
Z	陽子数	
Z^*	有効核電荷	電子に原子核から及ぶ正電荷
μ	双極子モーメント	イオン結合性を表す指標
Ψ	波動関数	$|\Psi|^2$は電子密度を表す

単位一覧

量	単位	読み方	意味，換算法
物質量	mol	モル	個数の単位（ダースと同様）
温度	K	ケルビン	粒子1個の平均運動エネルギー $[K] = [℃] + 273$
質量	g	グラム	$1t = 10^3kg = 10^6g = 10^9mg$
長さ	m	メートル	$1m = 10dm = 10^2cm = 10^3mm = 10^9nm = 10^{10}Å$
体積	L	リットル	$1m^3 = 10^3L = 10^3dm^3 = 10^6mL = 10^6cc$
密度	g/cm³	グラム毎立方 センチメートル	$1cm^3$あたりの質量〔g〕
力	N	ニュートン	$1N = 1kg・m/s^2$（1kgの物体に$1m/s^2$の加速 度を与える力）
圧力	MPa	メガパスカル	$1N/m^2 = 1Pa$, $10^6Pa = 1MPa = 9.87atm = 7500mmHg$
圧力	atm	気圧	地表面の大気圧 $= 1atm = 0.101MPa =$ $760mmHg$
圧力	mmHg	ミリメートル水銀柱	水銀柱の液面差〔mm〕
エネルギー	kJ	キロジュール	$1N・m = 1J$,　$10^3J = 1kJ = 0.24kcal$
モル分率			成分〔mol〕/ 全体〔mol〕
モル濃度	mol/L	モル毎リットル	溶液1L中の溶質〔mol〕
質量モル濃度	mol/kg	モル毎キログラム	溶媒1kgに溶かした溶質〔mol〕
百分率	%	パーセント	体積or質量の割合$× 10^2$
百万分率	ppm	ピーピーエム	体積or質量の割合$× 10^6$

SI単位系接頭語

10：デカ〔da〕，10^2：ヘクト〔h〕，10^3：キロ〔k〕，10^6：メガ〔M〕，10^9：ギガ〔G〕，10^{12}：テラ〔T〕，10^{15}：ペタ〔P〕，10^{18}：エクサ〔E〕

10^{-1}：デシ〔d〕，10^{-2}：センチ〔c〕，10^{-3}：ミリ〔m〕，10^{-6}：マイクロ〔μ〕，10^{-9}：ナノ〔n〕，10^{-12}：ピコ〔p〕，10^{-15}：フェムト〔f〕，10^{-18}：アト〔a〕

ギリシャ文字

$A\alpha$（アルファ），$B\beta$（ベータ），$\Gamma\gamma$（ガンマ），$\Delta\delta$（デルタ），$E\varepsilon$（イプシロン），$Z\zeta$（ジータ），$H\eta$（エータ），$\Theta\theta$（シータ），$I\iota$（イオタ），$K\kappa$（カッパ），$\Lambda\lambda$（ラムダ），$M\mu$（ミュー），$N\nu$（ニュー），$\Xi\xi$（クサイ），Oo（オミクロン），$\Pi\pi$（パイ），$P\rho$（ロー），$\Sigma\sigma$（シグマ），$T\tau$（タウ），$Y\upsilon$（ウプシロン），$\Phi\phi$（ファイ），$X\chi$（カイ），$\Psi\psi$（プサイ），$\Omega\omega$（オメガ）

さくいん

*原則として，初出のページを記載しています。

岡島　光洋（おかじま　みつひろ）

　愛知県春日井市出身。鹿児島大学大学院修了。東レ㈱の研究職を経て、1993年より代々木ゼミナール化学科講師となり、大学受験の講座を担当。

　本部校での授業の他に、フレックス・サテラインを通じて全国の代ゼミ校舎、提携高等学校・塾に配信されている。

　科学技術の発展にともなう成果を日々取り入れて絶えず変化を続ける大学の化学と、教育課程の改訂時以外には履修内容に変更のない高校の化学は年々乖離していく一方なのに、両者のギャップを埋める教材がほとんどないという現状を嘆き、本書の執筆を決意。大学で身につけるべき能力とは「新しいものを創る力」であり、そのためには「もののしくみ」を理解することが重要である、というメッセージを本書に込めている。

　学習参考書の著書に『［新版］岡島のイメージでおぼえる入試化学』（代々木ライブラリー）がある。

理系大学生の定番書
世界一わかりやすい　大学で学ぶ　物理化学の特別講座

2023年 2 月17日　初版発行

著者／岡島　光洋

発行者／山下　直久

発行／株式会社KADOKAWA
〒102-8177　東京都千代田区富士見2-13-3
電話　0570-002-301（ナビダイヤル）

印刷所／凸版印刷株式会社

©Mitsuhiro Okajima 2023　Printed in Japan
ISBN 978-4-04-606031-0　C3043